# 문학에서 여행을 만나다

# 문학에서 여행을 만나다

**초판인쇄** 2020년 6월 12일
**초판발행** 2020년 6월 12일

**지은이** 동시영
**펴낸이** 채종준
**기획 · 편집** 이아연
**디자인** 김예리
**마케팅** 문선영

**펴낸곳** 한국학술정보(주)
**주소** 경기도 파주시 회동길 230(문발동)
**전화** 031 908 3181(대표)
**팩스** 031 908 3189
**홈페이지** http://ebook.kstudy.com
**E-mail** 출판사업부 publish@kstudy.com
**등록** 제일산-115호(2000. 6. 19)

ISBN 978-89-268-9966-3 03980

# 문학에서 여행을 만나다

동시영 지음

이담 Books

# 서문

내게 있어 문학과 여행은 나이면서 나를 바라보게 하는 어떤 대상이다. 그 두 개의 현으로 연주되는 일상은 하프의 선율로 흐르는 음악이요, 슬픔, 우울 같은 삶의 그늘마저 태양으로 빛나게 하는 그림이다.

하루를 흐르는, 목적을 위한 목적의 일상, 그 갈피에 끼워 놓은 여행들, 그들이 있어 날마다의 삶이 축제일 수 있다. 여행의 낯선 곳에서 바라보던 수많은 날들의 태양과 달과 별빛은 지금 이 순간에도 나의 삶, 한 장면 한 장면들을 새롭게 비추어 주고 있다.

여행 속에서, 때론 조금 힘든 일상이 한껏 멀어져, 그 기쁨으로 꿈의 돛을 달게 하고 꽃보다 향긋한 여행의 향기를 맡게 한다. 어디든 약속도 없이 낯선 곳들을 만나러 감으로 내게 그곳이 새로운 의미로 있게 하는 것은 더없는 즐거움이다. 그 모든 곳에서 만난 공간과 사람들은 또 하나의 내 고향이고 내 고향 사람들이다. 언제나 여행 속엔, 또 다른 나의 고향이 있다.

그곳들이 다시 그리울 때 마음으로 들르면 여행의 모든 길들은 다시, 즐거움으로 가는 새로운 길들이 되어 주고, 나를 지나

간 수많은 장소들은 현재 속에서 또다시 쓰이는 역사처럼, 내 안에서 다시 태어난다.

그러므로 여행은 그곳을 찾았던 그 순간의, 다만 한 번으로 끝나는 것도 그것으로 완성되는 것도 아니다. 마음속에서, 끝없는 반복으로 새로운 즐거움으로 끝없이 다시 태어난다. 나의 삶에 지금이 끝없이 나를 찾아오듯 여행은 내 마음의 시간으로 다시 자주 놀러 오는 그때 그 친구다.

그때의 나의 순간들은 언제나 새로운 아침이고 가난 없는 부유함이다. 그리고 세상의 꽃들이 다 내게로 와 피어나고 지상의 그 많은 새들이 찾아와 노래 불러 주듯 행복이 자라나게 한다. 그리고 여행에서 만난 모든 것들은 나도 모르게 내가 된다. 또한 수많은 나의 여행이 건네주는 행복의 배낭을 메고 때때로 현재 위를 즐겨 거닐게 한다. 또한 오고 가는 길 그곳의 오늘에서 가끔 생각이 나는 즉흥연주, 나의 시를 만나게 한다.

영국 하워스에서 문학의 금자탑을 이룬, 브론테 패밀리의 흔적들을 만났고 옥스퍼드로 가, 『이상한 나라의 앨리스』의 포스트모더니즘의 중요 특징인, 지금도 모든 예술 장르에서 계속 써 가고 있는 판타지 예술의 흔적을 만났다. 그리고 그 현재들을 만났다. 그리고 괴테의 유명한, 기행문학의 정수, 『이탈리아 여행기』와 함께하는 나의 여정들이 하나씩 모여 이 책 속으로 들어와 있다.

그리고 아드리아해를 건너 크로아티아의 두브로브니크에서

그들의 문학을 만나 보았다. 그들의 문학은 우리에겐 다소 낯설지만, 한편, 우리에게 익숙한 그리스, 이탈리아 타소의 문학으로 빛나는, 그 계보를 같이하는 것들이다. 그 낯선 땅에서 내가 익히 아는, 문학의 한 흐름을 만나는 일은 가슴 뛰는 즐거움이었다.

또한 루마니아의 브란성은 우리가 너무나 잘 아는 『드라큘라』 계열 문학, 오늘도 끝없이 다시 쓰기로 이어지는, 그로테스크한 문학의 한 방향을 지시하는 지표로 거기 서 있다. 이곳의 풀 한 포기 생각 한 포기는 모두 아득한 헌 것이면서 지금도 생생한, 새롭게 써 가는 새것들이다.

그리고 러시아의 대시인 푸시킨의 흔적을 따라가 보았다. 그가 남긴 찬란한 작품들, 시편들은 차이콥스키 등의 음악, 연극, 무용, 영화 등으로 끊임없이 지금도 새롭게 울려 퍼지고 있다.

또한 티아레 꽃향기로 바람 부는 남태평양, 지상의 낙원인 타히티를 찾아가 보았다. 그리고 서머싯 몸의 『달과 6펜스』와 고갱의 그림을 다시 마음에 그려 보았다. 그곳 타히티는 지상의 아름다움을 가장 잘 보여 주는 가장 아름다운 눈이었다.

그리고 북아프리카 모로코로 가 노벨문학상 수상자 엘리아스 카네티의 모로코 기행문, 『모로코의 낙타와 성자』에 기록된 장소들을 들러 보았다. 아틀라스산맥을 넘나들며 신화를 다시 읽고 그리움으로 읽은, 중세 여행가, 이븐바투타의 『이븐바투타 여행기』가 주는 유혹을 따라, 그의 고향 탕헤르를 찾아 보았다. 아울러 마티스, 들라크루아 등 수많은 예술가들이 남긴 어제와 오늘을 만나 보았다.

또한 현대 중국의 대표적 시인, 곽말약의 북경 옛 처소에서 그의 문학적 향취를 맛보았고 일본의 노벨문학상 수상자 가와바타 야스나리의 발자취를 따라 신비적 감각과 함께하는 해체적 미학을 마음으로 만져 보았다.

그리고 내가 찾아가 마음의 깊은 울림을 받았던 키츠, 셸리, 제인 오스틴, 찰스 디킨스 등과 관련한, 이 책에 포함되지 못한 내용들이 내 마음속에서 조용한 미소를 보내고 있다.

이 책은 필자의 저서 『여행에서 문화를 만나다』에 이어지는 또 하나의 세계 기행문이다. 수신자로서 책 등의 예술작품을 향유하며 느끼는 감동이 있다면 세계적 예술작품들이 만들어진 실제의 장소 등 그와 관련한 모든 것들을 직접 만나는 즐거움 또한 더없는 감동의 파문을 준다.

이 책을 출판하면서 『여행에서 문화를 만나다』를 통해 책으로 만난, 그리고 만날 많은 독자들께 다시금 감사한 마음의 말씀을 드린다. 그리고 이 책에 쓰인, 내가 세계 곳곳에서 느낀 감동들을 많은 독자들과 함께 나눌 수 있기를 기대한다. 아울러 책 출판을 허락해 주시고 수고를 아끼지 않으신 출판사 여러 선생님들께 깊은 감사의 말씀을 드린다.

2020 새봄에

저자 동시영

목차

# 1부 영국

*United Kingdom*

# 브론테 패밀리가 연주하는 하워스

## 고원에 떠 있는 전설

바람이 가을을 쓸고 있다. 낙엽에 불려 온 가을이 모든 공간에 살고 있다. 이 가을 속에 내 삶이 만드는 또 하나의 집을 지어야겠다. 여행은 낯선 곳에 마음이 가끔씩 가서 쉴 정신의 집을 짓는 것이라 생각한다.

영국 여행은 옛날 없이 옛날을 여행하는 것이다. 그 많은 기품 있는 옛날의 유산을 지금도 풍부하게 쓸 수 있기 때문이다. 영국으로의 여행은 공간의 이동일 뿐 아니라 시간을 여행한다는 성격이 강해 시간과 공간, 두 현을 울리는 여행 연주임에 틀림없다. 그건 행복으로 들어가는 두 개의 문을 여는 열쇠를 받는 기분이다.

1600년대에 지어진 이래 지금까지 쓰이고 있어 시간의 향기를 맡게 하는 바스 호텔을 나와 옥스퍼드역에서 기차를 타고 다시 리즈Leeds에서 케일리Keighley로 가는 기차를 갈아탔다. 시간이 충분하지 않아 빠르게 움직여야만 했다. 영국의 기차는 비교적 비싼 편이지만, 코우치couch를 타면 너무 시간이 많이 걸리고 한밤중에 도착하게 되어 기차 여행을 선택했다. 이번 여행은 비교적 '롱 저니long journey'였기 때문이다.

여행의 기쁨으로 바쁜 오늘, 점심 식사는 물론 샌드위치다. 그 속에 여행의 기쁨을 한 켜쯤 더 끼워서 먹으면 제법 호화로운 식사가 된다. 케일리로 가는 기차 속에서 맞은편에 앉은 여자가 인도 억양이 섞인 영어로 누군가와 대화를 하고 있었다. 사람들의 말을 주의 깊게 들으면 오래 전 떠나 온 고향이 함께 끝없이 따라다니고 있음을 알 수 있게 마련이다. '여행 중 만나게 되는 사람들은 왜 이처럼 만나게 되는 걸까'를, 어디선가 만난 듯한 그 여자의 얼굴이 잠깐 생각하게 했다. 창밖은 영국의 전형적인 날씨로, 가끔씩 빗방울이 차창에 와 흘렀다.

도착한 케일리는 조용하고 작은 역이었다. 한가하기까지 한 역 안에서 책을 읽고 있는 영국 신사가 잠깐 쉬는 틈새로 끼어들었다. 하워스 가는 버스를 탈 수 있는 정거장을 묻기 위해서였다. 그는 주름살 사이로 멋진 미소를 보내면서 사실 자신도

스코틀랜드 사람이라 여길 잘 모른다고 답했다. 순간, 내가 봤던 스코틀랜드의 중세적 모습이 떠올랐다. 그리고 강의와 강의의 틈 사이에 가끔 만나 고향 얘기를 나누곤 했던, 스코틀랜드 글래스고Glasgow가 고향인 요셉 교수의 얼굴이 그의 얼굴에 오버랩 되었다.

그냥 거리로 나서 길을 찾기로 했다. 대도시와는 달리 안내 지도를 자주 볼 수 없었다. 내리는 비가 거리를 충분히 적시고 있었다. 마침내 찾아 낸 버스 역은 도보로 5분쯤 걸리는, 비교적 가까운 곳에 있었다. 그 안에는 토마스 쿡 여행사가 있었다. 이 여행사는 관광 역사상 단체 여행을 최초로 만들어 지금까지도 그 명성을 드날리고 있다. 그곳에 들러 하워스로 가는 버스를 타는 곳을 물었다. E번 홈에서 탄다고 했다. 사람들이 줄 서 있는 E번 홈에서 버스를 타고 하워스로 간다는 생각에 설레는 기분을 만끽할 무렵 스무 명 정도를 태운 차가 하워스를 향해 출발했다.

차 안엔 '브론테 버스'라고 크게 쓰여 있었다. 드라이버에게 하워스 올드 화이트 라이언 호텔을 가려면 어디서 내리냐고 묻자 차 안의 모든 사람들이 다 함께 대답해 주었다. 사람들 표정은 따뜻하고 정겨워 마치 내 고향에라도 가는 것 같았다. 어쩌면, 어릴 적 읽은 에밀리 브론테의 『폭풍의 언덕』을 낳은 하워스는 이미 오래전부터, 늘 가고 싶은 내 마음속 고향이었는지도 모를 일이다. 아니, 마음속에선 나도 모르게 그때부터 여기로

브론테 버스 내부

일찌감치 출발했었는지도 모를 일이다. 또한 그 출발이 지금에 이르러 도착할 무렵이 되었는지도 모를 일이다.

비스듬한 언덕길의 차창 밖 풍경은 고원에 떠 있는 전설 같았다. 이 지방 특유의 말투와 몸짓으로 그 옛날의 얘기를 들려주고 있는 듯했다. 중국 여행에서 본 신장 지역 톈샨Tianshan, 天山산맥처럼 웅장하고 망설임 없는 직선의 황갈색 고원이 표표한 얼굴을 드러내고 있었다. 그 아래 깃든 집들은 평온을 그리는 화가들 같았다. 내리던 비가 그치고 있는 하워스에 닫는 첫발은 마음 깊이에 기쁨을 심는 손길 같았다.

언덕 정상쯤에 있는 올드 화이트 라이언 호텔에 도착했다. 첫눈에 들어온 호텔 외벽은 아름다웠으며, 그 위엔 '18세기 호텔'이라고 쓰여 있었다. 호텔 프런트 데스크에서 만난 예쁜 영국 아가씨는 브론테 패밀리에 관해 알고 싶어 한국에서 왔다고 했더니 반갑게 맞이하였고, 이 호텔의 역사가 적힌 종이 한 장을

올드 화이트 라이언 호텔 전경

자랑스럽게 건네주었다. 거기엔 '블루 벨Blue Bell'이란 이름을 쓰던 최초의 시절부터 시작하여 현재에 이르기까지의 올드 화이트 라이언 호텔의 역사가 기술되어 있었다. 이 호텔은 브론테 패밀리가 마을에 살기 전부터 존재했으며, 그들이 살던 때에도 역시 함께했다는 점을 직원은 자랑스러워했다. 그리고 '패트릭 브론테Patric Brontë의 로컬로 충분했었는데 브론테를 만나는 장소로 여길 왜 아니 선택하겠냐'라고 힘주어 말하고 있었다.

프런트의 아가씨는 브론테 가족의 외아들인 브런웰 브론테Branwell Brontë가 이 호텔에서 가끔 권투 연습을 했었다고 말해 주었다. 그리고 나를 이끌고 호텔 밖으로 나와선 바로 맞은편에 있는 바bar '블랙 불Black Bull'을 가리키며 여기가 바로 브런웰이 자주 다니며 술 마시곤 했던 곳이라 했다. 블랙 불은 빗속에 서서 아직도 그 옛날의 이야기를 선명하게 들려주고 있는 듯했다.

호텔 내부엔 오래된 물건들로 가득했다. 옛날 풍으로 장식한 호텔 내부의 가구들은 낡아서 빛나는 찬란한 몸짓으로 거기에 있었다. 앤틱antique 물건들을 너무 좋아하는 나에게 정말 행복감을 안겨 주는 모습이었다. 서양의 품격을 지닌 장소라면 어느 곳에서나 발견할 수 있는 중국 도자기는, 서양인들에게는 먼 만큼 신비로운 동양 도자기의 멋을 한쪽 공간을 차지한 채 맘껏 뽐내고 있었다. 그중 한 도자기 안에 있는 중국 여인들의 모습이 한껏 사치스러웠다.

내가 쓸 호텔 방에는 언제부터 있었는지 궁금해지는 영국 앤틱 가구들이 시간의 멋을 한껏 바른 풍모로 객실에 놓여 있었고, 낡은 라디오는 약간의 잡음이 있었지만, 아직도 열심히 일하고 있었다. 내가 좋아하는 잉글리시 티와 함께 나란히 놓인 과자의 포장지엔 '1899년부터since 1899'라고 쓰여 있었다. 이 과

블랙 불 전경

호텔 내부의 고가구와
중국 도자기

자는 블랙 불 바 바로 아래에 있는, 조금 전 사람들이 가득 앉아 담소하면서 식사하고 있었던 바로 그 집의 것이었다. 이 집은 19세기 말부터 지금까지 빵을 굽고 과자를 만들고 있다. 과자를 한 입 베어 무니, 거친 호밀의 맛을 자연 바람 포장지로 감싸 놓은 것 같은 담백한 감칠맛이 났다.

저녁 식사를 위해 호텔 바bar로 내려갔다. 이 호텔은 마을 사람들이 의미 있는 모임을 가지거나 가족끼리 외식을 하는 특별한 장소인 듯했다. 기쁜 표정을 지닌 몇몇 그룹의 사람들이 모여 즐거운 저녁 한때를 보내고 있었다. 10파운드 남짓한 가격의 요크셔 전통 요리는 런던에서 먹던 음식보다 다소 짙은 풍미를 풍기고 있었다.

이 호텔 바 또한 브론테 가족이 사용했던 곳이기도 하다. 브론테 가족이 살았을 그때에도 물론 이 호텔은 지금처럼 마을에서 제일 근사한 식사를 할 수 있는 즐거운 장소였을 것이다. 눈앞에 있는 사람들의 모습에 1800년대의 옷을 입히고, 당시의 사람들 그리고 브론테 가족의 모습을 마음속에 한껏 떠올려 보는 것도 더없는 즐거움이었다.

다음 날 아침 식사 후 블랙 불 바로 맞은편에 있는, 향수와 향비누 등의 예쁜 물건이 가득한 가게를 들렀다. 이곳이 바로 브런웰이 그의 황폐해져 가는 삶의 순간들 속에서 마약을 사러 드나들던 약국이었다. 브론테 가족이 마을에 살았던 때 이 집은 약국이었고 브런웰이 여기서 아편을 샀으며 이는 그의 때 이른 죽음의 간접적 원인이 되었다고 표지판에 쓰여 있었다. 브런웰, 그는 31살의 9월1817.06.26.~1848.09.24. 생을 마감했기 때문이다. 한편으로는 집안의 내력 같은 결핵을 앓고 있기도 했지만…….

아버지 패트릭 브론테의 특별한 사랑을 받았던 그는 아버지의 간절한 기대와 지극한 사랑은 아랑곳없이 날마다 술과 아편에 찌들어 낮엔 잠자고 밤엔 소란을 피우곤 하였다. 마을 사람들은 그런 그의 모습을 가끔 볼 수도 있었다고 한다.

브런웰은 작가가 되고 싶었고 또한 화가가 되고 싶었지만 모두 성공적이지 못했다. 그 후 여동생 앤 브론테의 주선으로 앤이 가정교사로 일하던 스카버러의 로빈손가에서 막내아들의 가정교사로 일했으나 그만두게 된다. 이는 로빈손의 아내와 가진 불륜적 사랑 때문이었다. 브런웰은 그 후 미망인이 된 그녀

브런웰이 자주 다니던 약국.
지금은 기념품 가게가 됨

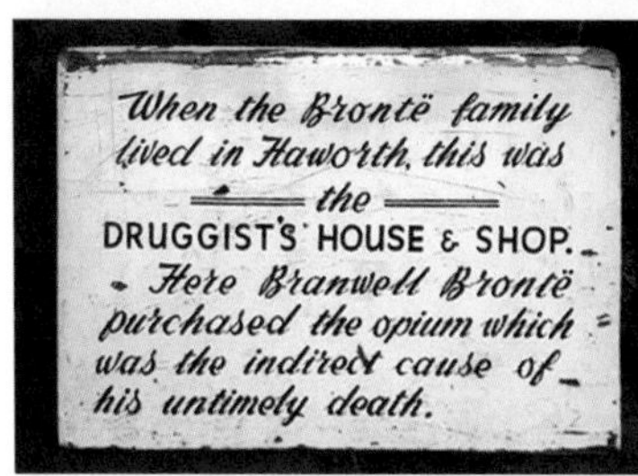


브런웰이 아편을 했던 것이 때 이른
죽음의 간접 원인이 되었다는 표지

와의 결혼을 기다리지만, 그와 결혼하면 유산을 받을 수 없게 된다는 이유로 거절당한다. 그는 그녀를 진정한 사랑이라 생각하였으나, 로빈손 부인은 현실적 문제들을 먼저, 그리고 중요하게 생각하고 있었는지도 모를 일이다. 이 모든 것들이 그를 힘들게 했을 것이고, 이러한 일련의 일들이 교역자인 아버지와 그의 가족들을 얼마나 어렵게 했을까를 마음속으로 잠깐 생각해 보았다.

그는 1817년생이고 어머니는 1821년에 생을 마감한다. 너무나 어린 나이에 이미 어머니는 그의 곁에 없었다. 이 결핍은 그가 훗날 자기가 지도하는 학생의 어머니인, 나이 많은 여인에게 사랑을 느끼는, 현실적으로 너무나 힘겹고 슬픈 사랑을 가지게 하는 한 원인이 되었을 수 있을 것이다. 작은 마을에서 교역자의 아들로 태어나 꿈과 현실의 거리 속에 때론 절망하며 술과 아편에 의지하여 살았던 패트릭 브런웰 브론테브런웰의 풀 네임, 그 삶의 힘겨운 걸음걸이가 내가 걷고 있는 땅의 지문 속에 깊이 박혀 있는 듯했다. 브런웰의 힘겨운 발자국은 흐릿한 지금이 되어 바람 속에 흩날리고 있었다. 문학에도, 그림에도, 사랑에도 그리고 곁에 없는 어머니에도 그는 의지할 수 없었다.

## 창조적 광기의 전율, 슬픔은 가늘게 떨리고

다음 날 고풍스러운 풍경으로 차려입고 향긋한 빵과 잉글리시 티 향기를 날리는 케일리 시내를 산책한 후, 올드 화이트 라이언 호텔이 지역 행사로 매우 붐빈다 하여 근처 윌슨 호텔로 옮겼다. 이 호텔은 브론테 가족이 살았던 당시에는 마을에 몇 채 안 되는 작은 집이었다고 한다. 이는 올드 화이트 라이언 호텔 바로 뒷골목 5분 거리에 있었다. 호텔 룸에 들어서자 샬럿 브론테를 닮은 달력 속 여인의 눈빛이 아주 강하게 느껴졌다.

3층에 있는 내 방에서 바로 옆 주차장 건너에 있는 브론테 박물관이 보였다. 이는 본래 브론테 가족의 집이었고, 그 박물관 전면엔 하워스 사람들의 묘지가 있었으며, 그 앞엔 아버지 패트릭 브론테가 목사로 일하던 교회가 있었다. 일직선 상에 나란히 집, 무덤, 교회가 황량한 바람의 언덕을 경계로 하는 곳에 서 있었다.

이들 세 개의 공간은 각각 삶과 죽음, 그리고 그 양쪽을 만들고 주관하는 신과 소통하고 기도하는 공간이다. 참으로 절묘한 공간들이었다. 이들 나란한 공간을 넘으면 이 지방 사람들이 '무어moor'라고 일컫는 거친 바람의 자연이, 그 알 수 없는 힘

교회 전경

목사관 전경,
현재는 브론테 패밀리 박물관

이, 웅혼한 모습을 현현하고 있고, 그 경계 안에 사는 사람들의 삶과 죽음의 한가운데에 있는 교회는 양쪽을 넘나들며 보호, 기도, 소통의 역할 기호로 거기 서 있는 것이다.

이렇게 가까이서 그들 브론테 패밀리의 삶 거의 대부분이 이루어진 곳을 바라보는 것은 전율과도 같았다. 이들 세 개의 공간이 그들의 삶 전반에 결정적인 요인으로 작용했을 것이라는 생각을 어두워가는 저녁 시간 속으로 흘려보내고 있었다. 사람들이 사는 공간 환경은 그들의 삶에 때론 절대적 영향을 미치는 요인이 된다는 건 부정할 수 없는 사실이다.

또 한 번의 태양이 빗방울 속에 떠올라 있는 아침, 호텔 레스토랑에서 요크에서 온 사람들을 만났다. 친구 부부끼리 네 명이 함께 여행하는 사람들이었다. 한가한 여행 속 아침을 그들만의 한담 속에 행복으로 새겨 넣고 있었다. 요크 사람들의 이야기를 배경으로 하고 바로 옆 박물관으로 향했다. 그 길엔 삶에서 쫓겨난 사람들처럼 나무에서 떨어져 길 위를 구르고 있는 이름 모를 열매들이 있었다. 최남단 바닷가 포츠머스에서 왔다는 부부와 런던에서 왔다는 중년 신사와의 잠깐 스쳐가는 대화 후, 브론테 가족의 공간을 마음에 새기며 바라보았다.

아버지 패트릭 브론테Patric Brontë, 성을 Brunty에서 Brunte로 바꿈는 1777년 아일랜드에서 태어났다. 그는 종교 시 등을 썼고 문학적 재능을 많이 가지고 있었다 한다. 켈트족이며 다운주의 농민이었고 뛰어난 이야기꾼이었다고 하는 그의 아버지, 휴 브론티 Hugh Brunty, 1755~1808는 숙부인 웰시의 양자였다. 웰시는 고아였으나 휴의 할아버지가 리버풀 근처에서 주워 와 기른 양자로 양아버지의 지극한 사랑을 받았다 한다. 다른 가족들의 시기 때문에 쫓겨나지만 결국 재산을 물려받고, 어렸을 때 함께 자라면서 마음속 사랑을 키웠던 양아버지의 딸과 결혼하였다 한다. 이 같은 집안사는 에밀리 브론테의 소설 『폭풍의 언덕』의 등장인물 히스클리프의 구상과 성격 묘사를 위한 한 전형이 될 수도 있었을 것이라고들 말한다.

지금은 박물관이 된 이 집은 1778년 지어졌으며, 후에 브론테 가족의 삶의 보금자리가 되었다. 패트릭 브론테는 1783년생 마리아 브런웰 브론테와 리즈 근처 귀슬리Guiseley에서 1812년 결혼했고, 그 후 여섯 명의 자녀와 함께 이곳 하워스로 이주했다. 패트릭 브론테는 고향에서 교사를 하다가 케임브리지대학 세인트존스 칼리지를 졸업하고 영국 국교회 목사가 되었다. 그는 우수한 사람이며 매우 노력하는 사람이었다고 박물관에서 나온 한 남자 안내자는 말했다.

패트릭 브론테와 마리아 브런웰이 결혼한 후, 마리아 브론테 1814~1825를 1814년에, 엘리자베스 브론테1815~1825를 1815년, 샬럿 브론테1816~1855를 1816년, 패트릭 브런웰 브론테1817~1848를 1817년, 에밀리 제인 브론테1818~1848를 1818년, 앤 브론테

1820~1849를 1820년에 차례로 얻었으나, 어머니 마리아 브런웰은 1821년 9월 38세의 젊은 나이에 삶을 마친다. 그녀 또한 문학적 재능을 많이 가진 사람이었다 한다. 어머니이자 아내였던 그녀의 너무나 때 이른 부재는 남은 브론테 가족의 삶에 커다란 변화를 가져오게 되었다.

어머니의 언니 엘리자베스 브런웰이 그들을 도우러 왔고 1842년까지 한평생을 그들과 함께했지만 이모의 도움이 어머니의 그것에 미치지 못함은 어쩔 수 없는 것이었다. 그들 가정은 화목하고 즐겁다기보다는 엄격한 분위기였다 한다. 아버지는 언제나 혼자 그의 방에서 교회 업무를 보았고 혼자 식사를 했으며, 이모 엘리자베스 브런웰도 비교적 엄격한 성격이었다고 한다.

어머니 없는 가정에서 자란 브론테 자매의 소설엔 『제인 에어』처럼 고아가 등장하거나 했고, 이는 작가의 성장 환경이 소설에 영향을 끼친 흔적이라 할 수 있다. 또한, 경제적으로 큰 여유가 없었던 패트릭 브론테는 자매로 하여금 당시 여성들이 일할 수 있는 일자리 중 하나였던 가정교사 자격을 가지도록 교육했고, 그 결과 자매는 때론 힘겹기도 했지만 최선을 다해 가정교사를 하곤 했으며 이 경험이 『제인 에어』 등 소설에서 주인공 설정에 관여했다고 볼 수 있을 것 같다.

84세까지 비교적 장수한 아버지 패트릭 브론테를 제외하면 그들 가족의 삶은 하나같이 너무나도 짧았다. 샬럿 브론테는 아버지의 교회에 부목사로 부임해 온 아일랜드 출신 아서 벨 니콜스와 1854년 6월 29일 결혼하였으나 1855년 3월 31일 아이를 가진 채로 생을 마친다. 샬럿을 제외한 나머지 형제들은 결혼조차 하지 못했으며, 따라서 브론테가의 후손은 아무도 없다.

형제 중 비교적 긴 삶을 살았던 샬럿은 아서 벨 니콜스와의 짧은 사랑과 결혼을 통해 잠깐의 행복을 가져보기도 했지만 그건 일 년도 안 되는 아주 짧은 것이었다. 결혼 후 남편의 고향인 아일랜드를 함께 여행하는 등 행복한 시절이 있었으나, 곧이어 초겨울의 산책으로 얻은 감기가 결핵으로 진행되고 삶의 마지막으로 이어졌다. 이는 그의 독자들을 슬프게 만드는 일이었다. 사랑과 슬픔 어린 남편의 기도 속의 일이었지만…….

더욱이 마리아 브론테와 엘리자베스 브론테는 모두 십 대의 어린 나이에 학교에서 전염병을 얻어 이른 삶을 마쳤다. 브론테 가족의 삶의 마감은, 정말 힘들게도 너무 짧은 기간 동안 연이어지기도 했다. 때론 한 달이 멀다 하고 그 짧은 삶이 연이어 끝나기도 했으니 얼마나 큰 슬픔이었겠는가. 브론테 박물관에서 근무하는 한 신사와의 대화를 통해 영국인들이 이곳을 얼마나 자랑스러워하고 소중히 생각하며, 또한 브론테 가족의 짧은 삶에 얼마나 아파하는지를 충분히 알 수 있었다.

그동안 많은 유명 작가들의 작품이 태어난 곳과 박물관을 찾았지만, 이처럼 한 곳에 그들 삶의 모든 것이 오롯이 남아 있는 곳은 매우 드물었다. 하워스는 어느 곳보다 작가들의 삶과 작품의 외연을 확연히 드러내는 특별한 공간으로, 세계 곳곳으로부터 수많은 사람들이 순례자처럼 그들의 흔적과 작품의 보존된 실체를 보고 만지러 오게끔 하는 곳이다.

박물관 직원의 상세한 설명을 들은 후, 이 지역에서 생산되는 사암으로 지었다는 박물관 현관을 들어서자 세계 각지에서 찾아온 사람들이 잔잔한 기쁨의 얼굴을 하고 신비한 비밀의 징표를 찾은 것처럼 그들의 삶과 예술을 조심스레 노크하고 있었다. 그들의 삶은 끝났어도 끝없이 퍼져 나가는 예술의 향기와 호흡이 거기 생생히 쌓여 있기 때문이다.

입구 오른쪽 첫 번째 방은 아버지 패트릭 목사와 아내 마리아 브런웰이 행복하게 함께 살 때 쓰던 방이다. 여기서 그는 연

패트릭 브론테 방

구를 하고 아이들을 가르치기도 했다고 한다. 그는 자녀들이 문학, 정치, 예술, 음악 등에 흥미를 가지도록 양육하였고 그들이 읽을 많은 장서를 충분히 준비해 두고 있었다 한다. 아버지 패트릭은 또한 아이들의 그림 공부를 위해 따로 교사를 초빙하기도 했다. 또한 캐비닛과 피아노를 구입하기도 했는데, 피아노는 주로 에밀리와 앤이 연주했다고 했다.

방 한쪽엔 목사인 패트릭의 성경책과 안경이 가지런히 놓여 있었다. 그들이 사용하던 물건 너머 들려오는 그때의 흔적을 마음으로 만지고 있을 때, 도움 설명을 하는 박물관 직원이 나의 옆에 다가와서는 전시된 물건 거의 대부분이 당시의 것들이며 마네킹에 입혀진 옷은 BBC에서 방영한 방송극 제작 당시 만든 것이고 벽지까지도 당시에 많이 쓰던 재질과 패턴을 그대로 쓴 것이라 설명해 주었다.

패트릭은 그의 아내가 생을 마감한 후에도 묵묵히 자기 일을 했으나 전보다 비교적 말수가 적어져 다소 우울해 보이는 삶을 살았다 한다. 그리고 방을 2층 침실로 옮겼는데, 이 방을 아들 브런웰과 함께 쓰기도 했다 한다. 방에 놓인 가구와 옷은 모두 그때의 것이고, 천장이 있는 침대는 아들 브런웰이 자신이 누워 있는 모습을 그려 놓은 것을 바탕으로 다시 제작한 것이라 했다. 침대 위에는 지금은 쓰지 않지만 어릴 적 시골에서 어머니들이 빨래를 다릴 때 쓰던 한국의 전통 손다리미 형태를 한, 그

2층에 있는 패트릭의 침실

보다는 좀 더 큰 무언가가 놓여 있었다. 어디에 사용하던 것인지를 묻자 추운 겨울 잠자기 전 침대를 따뜻하게 하기 위한 도구로, 당시에 쓰던 것이라 했다. 설명을 들으며, 겨울이 아니라도 수시로 자기 곁을 떠나는 아내 그리고 자식들과의 잦은 이별을 한 삶이 얼마나 겨울에 사는 것 같은 마음이었을까, 그 마음이 얼마나 춥고 힘들었을까를 생각해 보았다.

다이닝 룸은 브론테 패밀리, 특히 세 여자 형제들이 가장 많은 시간을 보낸 곳이다. 안락의자엔 주로 앤이 앉았었고 오른쪽으로 길게 놓인 소파는 에밀리가 최후를 맞은 장소라 한다. 페치카pechka, 러시아식 벽난로 위에는 리치먼드가 그린 샬럿의 초상화가, 그리고 소파 위쪽엔 레이랜드가 양각으로 만든 패트릭 브런웰 브론테의 원형 석고판 초상이 걸려 있었다. 다른 두 면의 벽엔 샬럿이 존경하던 웰링턴 공작과 윌리엄 메이크피스 새커리의 초상이 걸려 있었다. 이 방은 샬럿이 유명해진 후 다소 크게 만들었다고 한다.

브론테 자매들은 『커러, 앨리스, 액턴 벨의 시집』브런웰의 시를 제외한 세 자매의 시집. 샬럿의 남편 벨의 이름을 저자명으로 살짝 끼워 가져왔다. 이 특별한 반응을 얻지 못했으나 실망하지 않고, 당시의 시대적 상황 때문에 남성의 이름으로 계속 소설을 발표했다. 그들의 소설이 세상에 알려지자 샬럿이 런던에 초대되고 그들의 집인 이곳을 방문하는 사람이 늘어 갔다.

그 무렵 샬럿은 런던의 패딩턴역필자도 열흘 정도 머물렀던 지방으로 히드로 공항 등으로의 여행이 매우 편리한 곳이다. 근처에 머물며 런던의 미술관 등을 관람하기도 했고 사교계의 관심을 불러일으키기도 했다. 샬럿의 삶 후기에 만나 친교를 하고 그녀의 전기를 쓴 개스캘 여사는 이 방이 대부분 진홍색으로 장식되어 있었다고 기록하고 있다. 또한 샬럿은 이 방 커튼을 진홍색으로 염색해 달라고 주문했으나 염색이 잘못되어 별로 마음에 안 들었다고 회고했다 한다.

이 집에는 다소 작은 아이들 방도 있었다. 빈방에 책상이 하나 놓여 있고, 그 위에 작은 병정 인형이 있었다. 이 인형은 아버지 패트릭 브론테가 1826년 6월의 어느 날 브런웰에게 주려고 이웃 도시 리즈리즈는 하워스에서 멀지 않은 상업 도시로, 내가 이틀 정도 들렀던 곳이다. 매트 호텔의 멋진 공간과 그때 본 미술관의 작품들을 지금도 마음속에 전시

with it. me
once Ann and
her papa and
her Mama
went to sea
in a ship and
they had very
fine weather all
the way but
Ann's mama
was very sick
and Ann
she gave her
medicine.

손 글씨 책

하고 있다. 요즘도 쇼핑하기에 아주 좋은 곳이기도 하다.에서 사온 선물로, 아주 작은 병정 인형이었다. 아이들은 이 인형으로 상상의 나래를 폈고, 그들의 손 글씨로 쓴 작은 책을 만들기도 했다. 어린 브런웰도 매우 적극적으로 참여했고, 이는 상상을 넘어 환상성을 띠는 그들 초기 문학의 한 바탕을 이루게 했다.

그들의 내부엔 창조적인 환상성이 끝없이 커 가고 있었다. 그들은 상상 속 세계인 '곤달the world of Gondal'의 세계관을 창조했고 이를 바탕으로 여러 편의 글을 썼으며, 블랙우즈 매거진을 모방한 『블랙우즈 영 멘스 매거진Blackwood's Young Men's Magazine』 등의 책을 만들었다. 그때 남긴 문학적 열정의 흔적인, 샬럿이 자필로 쓴 미니어처 북을 본 개스켈 부인은 '광기의 갈림길 앞에 선 창조력'이 주는 전율을 묘사하지 않았던가. 엄격한 아버지와 이모의 바쁜 일상으로 인해 관심 밖에 놓였던 아이들은, 그 자유 속에서 그들 미래 문학의 기틀을 함께 써 갔던 것이다.

부엌 또한 자매들이 시간을 많이 보낸 곳이다. 에밀리 브론테는 이곳 테이블에서 가족들이 먹을 빵을 굽고 독일어를 공부하기도 했었다 한다. 그때의 주방 가구와 물건들이 그대로 놓여 사라진 옛날을 요리하고 있었다. 아이들이 부엌에 함께 모여 놀고 상상의 나래를 펼 때, 이모를 도와 평생 동안 가정을 돌보던 타비타Tabitha Aykrovd가 때론 함께하기도 했었다고 한다. 그녀는 1825년부터 1855년 세상을 떠날 때까지 30년 동안 브론테 가족과 함께했다.

타비타는 대단한 이야기꾼이어서 날마다 이 지방의 전설이나 유령 이야기 등을 아이들에게 들려주곤 했다고 한다. 그녀는 『폭풍의 언덕』에 등장하는 내레이터 하인 넬리의 모델로 이야기되고 있다. 소설의 첫 부분에서 볼 수 있는 록우드의 일인칭 목소리와 그에 이어지는 끝부분의 가정부 넬리의 목소리가 그것이다. 넬리의 모델이 타비타라고, 나를 따라다니며 설명해 주고 있는 박물관 직원의 목소리와 함께 하인들의 방을 찬찬히 둘러보았다. 그는 내게 그 외에 마리아 브라운도 여기 기거하며 가족을 도왔다고 말해 주기도 했다.

박물관 전시 끝부분에서 그 유명한 브런웰의 그림과 마주했다. 브런웰을 제외한 여자 자매들의 모습이 나란히 그려져 있다. 에밀리와 샬럿 사이에 브런웰 자신을 그렸다가 지운 흔적이

브런웰이 그린 자매들의 그림

희미하게 남아 있다. 그들은 작가의 표정이 아닌, 형제를 만날 때의 표정으로 그려져 있었다. 그중 샬럿의 눈빛이 다중의 의미를 깊이 새겨 놓은 듯 가장 강렬했다. 진품은 아니지만 그들의 모습을 느끼기엔 충분했다. 브런웰의 진품은 국립 초상화 갤러리에 있다고 한다.

그림을 뒤로하고 박물관을 나섰다. 어머니의 유물들 사이에 끼어 있는 뜨개바늘이 오래도록 내 마음속에 많은 것을 짜 넣고 있었다. 사랑하는 자식들과 남편을 위해 정성으로 사랑을 뜨개질할 때 사용했던 뜨개바늘이…….

박물관을 나와 그들 형제자매들이 마을 아이들을 가르치기도 했고 샬럿이 결혼식 피로연 등을 했다는 학교 건물을 만났다. 지금도 교육 공간으로 사용되고 있는 그곳에 들러 의자들이 가지런히 배치된 내부를 잠깐 둘러보았다.

브론테 패밀리의 학교

교회 내부의 기둥,
기둥 밑에 앤을 제외한 브론테 패밀리가 묻혀 있다

가족 중 앤 브론테만이 그가 가정교사로 일했던 스카버러에 외로이 홀로 묻혔다. 그녀는 스카버러의 해변을 좋아하여 병중에 그곳으로의 여행을 원했으며, 그곳에서 생이 끝나 거기에 묻혔다. 언니 샬럿 브론테는 처음엔 앤의 건강 상태를 걱정하여 스카버러로의 여행을 말렸지만 결국 허락해 그곳으로 갔고 앤은 거기에 묻힌 것이다. 그녀는 스카버러로 가는 도중 요크 대성당에 들렀다고 한다. 요크는 기차 역사부터 고풍스러운 건축미를 뽐내는, 걸을수록 걷고 싶은 로만양식의 성벽에 마음이 끌리는 도시다. 도시의 중앙엔 요크 대성당이 사람들의 시선을 사로잡으며 오래된 것들이 빛나는, 교회를 비롯한 도시 전체가 건축 박물관 같기도 한 곳이다.

나뭇잎들을 떨궈 그들의 가을을 쓸고 있는 나무들이 나란히 바람 속에 서서 박물관을 드나드는 사람들의 모습을 바라보고 있었다. 비 올 듯 하늘이 빗방울을 머금고 생각에 잠겨 있었다.

---

## 스탠버리 무어, 자유를 풀에 맡겨 뜯고 있는

잠의 고독 너머 깨어남의 문을 열고 나온 사람들, 마을은 놀이하는 아이처럼 명랑했다. 인포메이션 센터에서 가지고 온 지도에는 브론테 폭포까지는 8킬로미터로 약 두 시간 반이, 조금 더 먼 워더링 하이츠까지는 10킬로미터로 약 세 시간 반 이상이 걸린다고 설명되어 있었다.

브론테 마을을 경계하는 능선을 넘어, 현지인들이 스탠버리 무어Stanbury Moor라 부르는 바람의 언덕으로 출발했다. 박물관을 왼편에 두고 오른쪽으로 들어서자, 한꺼번에 몰아치는 바람 속으로 들어가 나도 바람이 되었다. 몸으로 받아쓰는 바람의 말을 마음이 듣고 있었다. 바람의 음파가 타전하는 암호 같은 처음 보는 풍경, 낯선 모습들을 바람에 맡겨 흔들리고 있었다. 혼의 바람 같은, 바람탈을 쓰고 춤추는 들판이 감전하는 듯한 순간을 보여 주고 있었다. 희푸른 깃발 같은 구름, 생각을 쪼아 먹은 흔적 같은 붉은 흙, 역사의 기록을 말아 쥔 손아귀 같은 바람, 생각의 소리들…….

고사리과 풀들이 키 낮추어 이미 오래전부터 바람에 마음이 쏠린 듯한 표정으로 앉아 있고, 브론테 자매들이 너무나 좋아했다는 히스 꽃이 곳곳에 섞여 살고 있었다. 살짝 만져 본 히스는 마치 천연 플라스틱처럼 단단한 살갗이었다. 꽃인지 열매인지 바람을 깎는 다이아몬드처럼 강하게 살고 있었다. 에밀리 브론테의 소설에서 내가 이미 만났던 히스를 오랜 시간의 거리 너머 지금 여기서 또 만나고 있는 것이다.

『폭풍의 언덕』 끝 대목에선 히스클리프 무덤 근처에 피어 있었던 히스 꽃, 샬럿이 12월 추위 속 벌판을 헤매어 생의 마지막에서 앓고 있는 에밀리를 위해 꺾어 주었다는 그 히스 꽃이 곳곳에 앉아 있는 길이 내게 소설 『폭풍의 언덕』을 한 페이지씩 다시 읽어 주고 있었다. 그 모든 것이 이토록 생생하게 살아 있는 폭풍의 언덕에서…… 바람 속에서 모든 인접한 것들은 포옹이다. 더러는 피할 수 없는 섞임이다. 웅혼하고 검푸른 하늘, 세찬 바람의 옷자락, 숨차게 말하는 듯, 아뜩아뜩 들릴 듯 말 듯…….

## 말은 본래부터 바람의 족속

– 워더링 하이츠*

누가 여기 바람 씨를 뿌려 놓았나

사람들 모여 살 듯
바람들 모여 살아
보이는 것마다 바람뿐이다

목숨 너머 부는 바람의 성대
옛날이 만지고 간 공간 표정 위
워워 워워 워더링 하이츠

낮은 앉음에 생각 달아 펄럭이는
히스들 풀님프들
초원의 약사,
하프처럼 풀 뜯는 양

바람의 입으로 삶을 웅얼대다
말하면 바람 속에 숨어버리는
말은 본래부터 바람의 족속
워워 워워 워더링 하이츠

* 에밀리 브론테의 폭풍의 언덕

– 동시영 시집, 『비밀의 향기』에서

그 속에서 양 떼만이 그 거친 풍경에 아랑곳하지 않고 고요했다. 눈동자를 고요에 고정하여 맞추어 놓은 듯, 풀을 뜯는 일상을 공간 속에 놓아두고 있었다. 모든 것이 역동하는 그 속에서 양들만 정지한 듯 살아 있었다. 마주쳐도 못 본 듯한 고요한 풀 눈빛이었다. 폭풍에 시달리며 시간을 점점이 찍고 온 발자국 같은 눈빛이었다. 브론테 폭포와 다리, 그리고 폭풍의 언덕 워더링 하이츠를 만나러 가는 이 길, 길 위의 양 떼는 에밀리 브론테의 소설 『폭풍의 언덕』 끝 대목에 등장하는 바로 그 양 떼를 만난 듯한 착각을 내게 선물하고 있었다.

소설의 첫 부분에서는 런던에서 이주해 온 록우드가 꿈속에 유령을 본다. 끝 대목에서도 소설 구조의 순환을 이루며 히스클리프와 캐서린의 유령을 보았다고 말한다. 이 두 대목에 함께 나오는 바로 그 양 떼가 떠올랐다. 이 지방에 떠도는 유령 이야기를 하인 타비타는 아이들에게 자주 들려주었고, 그 이야기가 에밀리의 『폭풍의 언덕』에 들어와 그로테스크한 드라마를 만들어 놓았다고 하는 사람들의 말이 함께 오버랩 되고 있었다. 하지만 소설의 끝에서 유령을 보고 무서워 울고 있었다는 그 목동은 없었다. 그냥 양들만이 자유를 풀에 맡겨 뜯고 있었다.

아침에 만났던, 내가 묵고 있는 월슨 호텔의 여주인이 해 준 말이 생각에 섞여 나타나고 사라지기를 이어 가고 있었다. 매년 12월 19일이면 월슨 호텔에 샬럿의 유령이 나타난다고 마을 사

브론테 폭포

람들이 지금도 이야기하고 있다는 그 말이, 내 생각에 와 다시 말 걸고 있었다. 내가 샬럿의 유령을 보았냐고 묻자 자기는 여기 이사 온 지 얼마 안 되어 아직 만나지 못했다며 무서움 반 호기심 반으로 어깨를 들어 올려 움찔하던 친절한 여주인의 모습이 다시 떠올랐다.

이윽고 도착한 브론테 다리와 그 위 살짝 높은 언덕의 이끼풀에 걸린 흰 레이스, 브론테 폭포가 눈으로 다가왔다. 그들 브론테 형제들이 그토록 좋아하며 즐겨 찾곤 했다는 이곳. 안개가 다시 짙게 드리워지고, 빗방울 몇 개가 조금 전만 해도 비였던 것을 까맣게 잊고는 흐르는 작은 시내가 되고 있었다. 브론테 폭포 레이스가 펄럭이는 무어의 바람 속에서 살짝 계곡을 나와 흐린 날 속의 비바람 그 위로 떠 있는 구름을 안고 선 빈집이 비어 있는 공간을 더욱 비우고 있었다. 『폭풍의 언덕』 속 빈집의

하워스의 명물, 증기기관차

증기기관차 시간표

실제를 생각하게 하면서…….

일요일, 하워스를 떠나기 위해 증기기관차를 타기로 했다. 브론테 가족이 살던 그때에도 있었던 기차 속에서 나는 사람들과 함께 그 옛날을 타고 있었다. 아쉬움의 눈물로 색칠한 마음의 눈을 반쯤 뜨고 바람 속을 끝없이 달리고 있었다.

*United Kingdom*

# 옥스퍼드,
# 판타지의
# 무지개

## 이상한 나라의 앨리스

영국, 그리고 세계인이 사랑하는 낭만파 시인 '바이런'의 사진이, 그리고 그의 '여인을 예찬한 시'가 사람들 마음으로 봄날의 아지랑이처럼 신비의 물결로 일렁이며 향긋이 스며들고, 레스토랑에선 그의 흉상이 식사의 즐거움에 미소를 보내 주는, 런던 바이런 호텔을 떠났다.

기차를 타고 옥스퍼드역에서 내리자마자 건너편으로 들어섰다. 들어갈수록 새로움으로 깊이 빠져드는 놀라움의 세상이 수평의 깊이로 잴 수 없게 펼쳐졌다. 진정, 오래된 것이 새로움일 수도 있다. 컬러 영화만 보다가 그 옛날의 영화가 가지는 예술적 세계가 그리워 흑백 또는 무성 영화를 만들고 감상하는 것처럼 '낡은 것일수록' 그건 그리운 새것일 수 있다.

마치 '흑백에다 무성음으로 된' 벨라 타르 감독의 〈토리노의 말〉을 보는 것처럼, 옥스퍼드는 낡아서 너무나 새것이었다. 두 시간 사십 분의 긴 상영 시간이 긴 느림의 영화 보기를 요구하고, 첫 장면의 말을 끌고 가는 장면을 보는 데 거의 5분이나 소요되는……. 그건 실시간 보기의 느림으로, 영화 밖 실제를 느긋하게 데리고 온다. 그리고 그 길고 긴 영화에 대사가 몇 번 없어 무성 영화의 울림이 강한, 이 모든 것이 낯설게 하여 새것을 강하게 감각하게 하는 장치들이다. 옥스퍼드는 그런, 영화 같은 지금 속의 그 옛날, 실제 속의 실제 아님 같은 또 다른 세계, 낯설게 하기의 장소였다. 옥스퍼드로 깊이 들어갈수록 『이상한 나라의 앨리스』처럼 신비로움으로 깊이 내려가고 있었다.

또한, '학문적 높이와 깊이의 향기', 그에 따르는 알 수 없는

중압감을 느낄 수밖에 없었다. 그러고는, 여기서 그 중압감의 무게를 가볍게 할 수 있는 판타지 『이상한 나라의 앨리스』가 탄생될 수밖에 없었다는 생각을 했다. 생각은 다시 또 앨리스가 토끼를 따라가는 굴처럼 점점 깊어졌다. 그때 나의 밖, 옥스퍼드는 옛날로 멀어져 다시 가까워진 세계로 힘 있게 살고 있는, 역사의 본거지 같은 얼굴이었다. 그 속에서 관광객들은 모두 마음의 큰 눈을 뜨고 놀라움의 즐거움을 누리고 있었다.

오후를 넘어 시간의 축이 비스듬해질 무렵, 인포메이션 센터에서 안내한 바스 호텔로 갔다. 1600년대에 지었다는 바스 호텔은 장미 꽃다발 게이트가 피어 있는 고풍스러운 호텔이었다. 규모는 크지 않았지만 매력적인 호텔이었다. 프런트 데스크에서 만난 젊은 호텔리어의 친절은 영국 신사의 풍모를 그대로 가지고 있었다. 호텔의 역사 안내물을 건네주는 그의 얼굴엔 자부심으로 가득한 미소가 빛나고 있었다. 그리고 이 호텔에서 처음

그대로의 가장 오래된 모습을 간직한 3호 룸에 대한 설명을 하는 순간엔 더욱 그러했다. 그 룸을 사용한 '엘리자베스 테일러'까지에 이르는 유명 인사들 그리고 계속 이어갈 게스트의 이야기는 날마다 새롭게 스토리텔링의 건축을 지어 올리고 있었다. 운 좋게도 가장 아낀다는 3호 룸을 쓸 수 있어 너무 기뻤다.

3호 룸은 17c 그대로의, 나무로 된 지붕이 멋지게 높은, 블루빛 커튼이 우아하게 드리워 있는, 그 방처럼 오래된 가구들이 내가 모르는, 그래서 더욱 신비론 옛날을 들려주고 있는 방이었다. 창밖의 지붕 아래선 한낮의 즐거운 대화가 둥근 원을 그려 앉은 젊은이들의 입에서 한없이 이야기의 기쁨을 길어 올리고 있었다.

아침 식사를 위해 레스토랑에 갔다. 호텔리어들은 17c의 복장을 하고 있었다. 그때 그대로의 서빙이 특별난 '또 다른' 시대에의 체험이 주는 기쁨을 선사하고 있었다. 요구르트병 위에 올린 수놓은 레이스의 병뚜껑, 꽃병과 도자기로 된 식탁용의 우아한 작은 휴지통 등이 정말 아름다웠다. 날마다 옥스퍼드의 대학 도서관에 가서 자료를 찾는다는 이탈리아 볼로냐에서 온 부부 교수와의 잠깐 동안의 대화가 재미있었다. 건너편의 80대 후반쯤으로 보이는 노신사는 정장에 행커치프를 꽂고, 식사 중 떨어지는 작은 빵 부스러기까지도 하나 남김없이 그 예쁜 도자기에 계속 넣고 있었다. 식사 후엔, 처음 세팅한 그때 그 모습으로 환원

크리이스트 처치 대학

시켜 놓았다. 사람들은 말하면서 말하지 않는 듯, 말할 때 입 밖으로 소리를 내보내지 않으려는 듯, 조용한 소곤거림에 말들을 가두어 말하곤 했다.

그런 식사 후, 꽃다발 장식의 게이트가 하는 꽃 배웅을 받으며 거리로 나섰다. 거리는 또다시 중세의 건축미를 웅장에 얹어 무겁게 달아내고 있었다. 크라이스트처치대학으로 향했다. 입장료를 내고 관람객 틈에 끼어 대학으로 들어갔다. 고딕양식의 중후한 건물이 주는 압도하는 건축미가 마음속에 즐거움의 궁전 하나쯤은 짓고도 남게 했다.

먼저, 대강당으로 들어섰다. 입구 쪽 벽면에서부터 이 대학 출신의 유명인들 사진이 시간의 흐름을 넘나들며 지금 이 순간의 사람들처럼 생생하게 사진 속에 살아 있었다. 300여 명의 학생들이 함께 식사를 하며 학문적 대화를 나눈다는 대강당엔 간격이 다소 좁아 보이는 빼곡한 의자들이 길고 긴 식탁을 따라 놓여 있었다. 너무나 큰 울림을 주는 그 방 벽면 좌측으로 스테인드글라스가 찬란했다. 거기 『이상한 나라의 앨리스』를 쓴 '캐럴'과 '앨리스'의 사진이 있었다. 왼쪽 끝엔 그 이야기의 주인공이며 실존 인물 '앨리스'가, 두 개의 그림을 넘어 오른쪽 끝엔 작가 '캐럴'의 사진이 있었다. 그리고 한편, 이 방은 조앤 K. 롤링의 해리포터를 영화로 촬영한 방으로도 유명하다.

이 두 편의 '너무나도 유명한' 환상성 강한 꿈 이야기들이, 왜 세계에서도 가장 대표적인 이 엄숙한 학문의 공간과 관련하여 탄생하게 되었는지를 잠깐 생각해 보았다. 우리가 모르는 어떤 우연의 필연 같은 것도 생각해 보았다. 그건, 지나칠 정도로 무겁고 진지한 학문과 이성적 세계의 무게에 눌린, 내면에서 오는 '가벼움', 현실에 없는 꿈과 이상의 세계에의 필요를 아우성하는 외침이었을 수도 있다.

벽면 스테인드글라스에 새겨진 캐럴과 엘리스의 이야기를 다룬 영화 〈드림차일드〉1985, 개빈 밀러 감독가 있었다. 이야기가 쓰인 그 시절의 요정처럼 귀여운 여주인공과 늙은 앨리스가 함께 나오는……. 그리고 판타지의 주인공 앨리스가 현실로 튀어나온 요정처럼 미국대학 초대로 뉴욕 항구에 도착하는 장면도 있는

대강당 다이닝 홀

……. 앨리스가 영원히 예쁜 어린 요정으로 남기를 원했다는 작가 '캐럴'의 마음을, 아쉬움을 보여 주는 배경처럼 드리우고 봐야 할 것 같은…….

『이상한 나라의 앨리스』의 '앨리스'는 언니와 함께 놀고 있는 것이 점점 지겨워졌다. 그때 갑자기 눈이 분홍색인 하얀 토끼가 앨리스 옆을 휙 지나갔다. "이런, 큰일 났군. 너무 늦겠는걸" 하는 소리를 듣긴 했지만 앨리스는 그렇게 이상하다고 생각하지는 않았다. 하지만 토끼가 회중시계를 꺼내 보고 커다란 토끼굴 속으로 들어가고 앨리스도 그 토끼굴 속으로 따라 들어가고, 액체를 마시고 30센티로 키가 크고, 케이크를 먹고 3센티로 줄고, 버섯 먹는 방법을 익혀 본래의 키로 돌아가고 하면서 진귀한 체험을 한 뒤 언니 무릎 위에서 잠이 깬다. 그리고 이상한 나라 이야기를 앨리스에게서 듣고 언니는 '어른이 된 후에도 앨리스가

크라이스트처치 대성당

크라이스트처치대학의 톰 타워

어린 시절의 천진한 마음으로 남아 있을까' 하는 생각을 한다.

프로이트가 말하는 자신에 대한 근원적 나르시시즘, 그것을 다시 라캉이 말한, 거울 단계를 생각해 보았다. 사람들은 성장과 더불어 거울 단계 이전의 상상계에서 벗어나 엄격한, 사회적 도덕 규율이 있는 상징계의, 현실적 사회적 질서, 규범 속에 들어가야 한다. 그것에의 적응, 살아남기의 무한 경쟁 속으로……. 그렇지 못하면 때론 폭력적이기도 한 에고ego의 세계로 빠진다. 사람들은 살아가면서 갈등하고 지치고 이상향을 찾아보고, 현실을 떠나 그곳으로 달아나고 싶어 한다. 『이상한 나라의 앨리스』를 쓴 캐럴은 수학자였다. 그는 전공과는 정반대 편에 있는 판타지 이야기를 쓰고, 암실의 마술이 있는 사진과 마술을 사랑한다. 그리고 앨리스당시 10세 같은 상상적 세계의 순수 그림자가 낙원처럼 드리운 여자아이들을 너무나 사랑한다.

『이상한 나라의 앨리스』는 루이스 캐럴이 앨리스 리들과 그 자매들에게 들려준 이야기를 바탕으로 한다. 캐럴당시 30세은 1862년 7월 4일, 크라이스트처치대학 최고 책임자 '헨리 리들'의 세 딸과 '갓 스토우'라는 곳으로 놀러 갔다. 뱃놀이를 하면서 배 위에서 이야기를 들려준다. 앨리스는 이야기를 책으로 만들어 달라 조른다. 캐럴은 2년여 동안 일러스트와 앨리스 사진 등을 넣어 자필 서책, 핸드메이드 책으로 앨리스에게 선물한다.

이는 다시 유명한 일러스트레이터 '존 테니얼'의 일러스트와 함께 새롭게 출판된다. 그 속편 격인 『거울나라의 앨리스』와 함께 100여 개 언어로 번역해 읽히는 인류의 대표적 판타지가 되었다. 수없이 공연되고 영화화 되어 영향을 주고……. 우리가 잘 아는 영화 〈매트릭스〉의 이름들, 토끼 문신 여인 따라가기, 빨간 파란 약 먹기, 진실 허구의 경계 묻기 등도 그러하지 않은가.

한편, 엄청난 관객을 동원한 영화 〈아바타〉의 가루다 타기, 판타지 속 경계 허물기 등도 판타지 예술의 대표 격이 아닌가. 현실로부터의 판타지적 세계로 가기는 어디 서양뿐이랴. 모두가 다 아는 중국 진나라 도연명의 『도화원기』는 판타지적 이상향으로 가기의 또 하나의 원류다. 이는 다시 동양 삼국의 문학, 미술, 음악 등에서 지구의 먼 곳까지 영향을 주고, 이 같은 인류사 속 판타지성 예술 세계는 포스트모더니즘의 비결정성, 탈 중심성, 경계해체, 패러디, 판타지 환상성의 예술, 광고에 이르기까지 지금 우리 생활 속 손에 닿는 현재다. 한국의 보이 그룹 '빅스Vixx'의 그리스 로마 신화 가기, 백일몽까지도…….

이런저런 생각에 젖어 1층으로 내려갔다. 대학보다 먼저 있었다는 교회 앞에서 예순이 좀 넘은 듯한 안내자를 만났다. 그녀는 나이의 경계를 넘어 앨리스처럼 순수한 아이의 얼굴을 하고 있었다. 그녀는 내게 교회 옆으로 난 커다란 창가로 보이는 아름다운 정원을 바라보라고 했다. 그리고 그 너머로 보이는 캐럴이 근무했던 사무실 건물에 대해 설명해 주었다.

당시엔 저 뜰에서 토끼가 뛰어다녔고『이상한 나라의 앨리스』에서의 토끼가 조끼를 입고, 회중시계를 보고 바쁘게 뛰어다니고, 앨리스는 그를 따라 판타지로 가고 하는 것처럼 그때, 캐럴과 앨리스는 바쁘고 행복하게 일하며, 놀며 저 뜰을 뛰어다녔다고. 그때, 이야기의 말소리들 속에서, 과거와 현재의 시간들, 현실과 꿈의 경계를 넘어 마음의 반공중에 판타지의 무지개가 뜨고 있었다.

# 2부 이탈리아

*Italy*

# 괴테가 있는 여정 위에서

## 티롤을 날아서 가다

현실보다 더 현실인 것은 꿈이다. 꿈을 따라가는 곳, 그곳에 진정한 내면의 현실이 살고 있기 때문이다. 특히, 예술가들에겐 현실 속에서 늘 미완이고 어쩌면 예술적 꿈속에서 더욱 완전한 어떤 것일 수도 있다.

멀고 가까운 꿈의 허구 속에 실존의 무지개가 있다. 그리고 내가 본 모든 시간과 장소의 속삭임 속에 나의 오늘이 있다. 정해진 시간도 장소도 없는 그곳에서 우린 또렷해 보이는 무게도 질량도 없는 듯한 허구의 지금을 만들어 가야 한다.

그래도……. 무슨 증명처럼 보이는 그리고 마음의 피부에 닿아 느끼게 하는 것은 내겐 여행이다. 여행은 그 많은 시간과 장소가 교차하는 낯선 곳의 꽃들이다. 그리고 예술가들은 예술적 영감으로 작품을 통해 거기 새롭게 태어난다.

어제는 멘델스존의 교향곡 〈이탈리아〉를 들었다. 1830년 멘델스존은 베네치아에 도착한다. 그는 이탈리아로 가기 전 바이마르로 가 40여 년 전 이탈리아를 여행한 괴테를 만난다. 그리고 베네치아에 도착한 멘델스존은 그 아름다운 물의 도시에 도착한 기쁨을 음악으로 쓴다. 교향곡 〈이탈리아〉, 1악장에선 빠르고 경쾌한 알레그로 비바체의 즐거움에 들뜬 멘델스존의 경쾌한 발자국 소리를 듣는 듯하다.

오늘은 칸초네를 듣는다, 밀바의 목소리를 듣는다. 〈오래전부터〉, 〈눈물 속에 핀 꽃〉, 〈부베의 연인〉, 〈무지개 같은 나날들〉, 〈사랑 행복 그리고 이별〉을 듣는다. 다시 자니 스키키의 그 유명한 아리아 〈오 나의 사랑하는 아버지〉를 듣는다. 그래, 다시 이탈리아로 가자. 바이마르에서 만났던 그 괴테의 마음을 따라 이탈리아로 가 보자. 고대와 중세의 찬란한 문화가 지금도 현재와 미래가 나아갈 길의 이정표를 그려 놓은 이탈리아로. 괴테와 나의 여정이 만나 있는 이탈리아로 길을 떠나자.

시인 랭보를 생각하게 한다. "나 여기 아르모리크 해변에 다시 와 있다. 나는 황금을 소유하게 될 것이고 한가롭고도 거칠어질 것이다"라고 쓴 랭보와 테오도로 모노 등을……. 여행은 여기 아닌 저기로의 공간 이동에 의한 결핍 치유제이기 때문이다.

괴테는 두 차례 이탈리아로 일탈한다. 그의 두 번에 걸친 이탈리아 여행은 세계 관광사에서도 매우 중요한 의미가 있다. 그의 이탈리아 여행은 일기 형식으로 또는 편지 형태로 기록된다. 바로 그 유명한 『이탈리아 여행기』다. 이는 괴테에게 예술혼을 불타오르게 한 이탈리아 여행의 기록이며 예술 기행의 고전이다. 그가 이탈리아 여행을 통해 그의 내면적 학교에서, 어떤 예술적 단련을 하고 어떤 마음으로 예술품을 감상하고 배우는지는 독자에게 실로 많은 생각을 하게 한다. "인간은 노력하는 한 방황하게 마련이다"란 『이탈리아 여행기』 속의 말처럼 여행 속에서 그는 끝없이 예술적 배움에의 방황을 한다. 1년 9개월 동안의 여행은 오늘날, 관광사에서 그랜드투어라 일컫는 귀족들의, 긴 기간의 여행이었다.

괴테가 로마로 여행을 떠날 때, 그의 현실은 너무나 화려한 바이마르 공국의 카를 아우구스트공 왕과 왕의 어머니, 안나 아말리아의 총애를 받는 바이마르의 재상이었다. 또한 그는 그때 『젊은 베르테르의 슬픔』 작가로 최고의 명성을 드날리고 있었다. 열다섯 살, 그가 태어난 프랑크푸르트 시절, 그레트헨파우스트가 사랑한 어린 소녀 이름이기도 함을 만났다. 라이프치히대학에서 법률을 공부하고 변호사가 된다. 그 무렵 샤를 로테 부프를 연모하나 친구와 약혼 사실을 알고 단념한다. 이같이 그가 체험한 사랑의 아픔에 친구인 공사관 비서였던 예루살렘의 권총 자살 내용을 더해 소재로 쓴 소설이 『젊은 베르테르의 슬픔』이다. 나폴레옹도 일곱 번이나 읽었다는, 그리고 그가 바이마르로 괴테를 찾아와 만나게 하기도 한 그 유명한 소설이다.

주변의 그 많은 카를 아우구스트공 슈타인 부인 등 그를 사랑하는 사람들……. 하지만 그때 그의 내면은 무언가 예술적 에너지를 불어넣을 새로운 대상을 너무나 갈망하고 있었다. 관련 내용은 필자의 저서 『여행에서 문화를 만나다』에 자세히 기술되어 있다.

1786년 9월 3일 새벽 세 시, 그의 37세 생일을 축하하기 위해 함께 간, 그를 가장 사랑하고 아끼는 귀족 등도 모두 모르게 온천 휴양지 칼스바트에서 탈출하듯 떠난다. 그가 그렇게도 마음 향하던 로마로의 출발이었다. 내가 바이마르에서 본 그 마차를 타고 로마를 향해 달려간 것이다. 왼쪽 어깨에 등을 단 내 키보다 훨씬 더 컸던 바이마르 괴테의 집에 있는 그 마차는 아직도 내 마음속에서 달리고 있다. 여행 가방과 오소리 가죽 배낭만을 역마차에 싣고 츠보타, 에거를 거쳐 다음 날 아침, 4일 10시 독일 남부 레겐스부르크에 도착한다.

"레겐스부르크는 아주 수려한 위치에 있다. 교회와 수도원이 겹겹이 들어서 있는 도나우강은 내 기억 속에 옛날의 마인강을 떠올려 준다"라고 그곳의 첫인상을 쓴다. 예수회 교단의 연극을 보고 레겐스부르크의 교회, 탑 그리고 건축물들은 뭔가 위대하고 완벽한 느낌을 간직하고 있어서 모든 사람에게 은밀한 경외심을 불러일으킨다고 썼다.

그리고 9월 5일 12시 반에 그곳을 떠난다. 그 후, 알프스의 산골 마을 볼차노에 도착하여 광장에서 과일 파는 아낙들을 보고 다시 레겐스부르크를 떠올린다. 그러곤 그가 거기서 머물던 여관 창문에 누군가 써 놓은 글을 떠올린다.

> 복숭아와 멜론은
> 남자들의 입을 위한 것이고
> 솔로몬이 말한 것처럼
> 채찍과 회초리는 어리석은 자들의 몫이다

—
레겐스부르크 대성당

볼차노 풍경

라고 쓴 누군가의 글이다. "그는 북국 태생의 남작이 쓴 글이 분명하다"라고 하며 "만일 그가 이 볼차노를 보았더라면 당연히 생각을 바꿨을 거"라는 기록을 남겨 두었다. 누가 쓴 것인지도 모르는 그 말이 괴테를 거쳐 200년도 더 넘어 지금 내 글에 다시 올라와 있다.

내가 레겐스부르크에 살 때 교회나 도나우 강변을 산책하다 보면 그곳을 관광하러 온 사람들이 고도의 아름다운 멋을 풍기는 시내와 강변의 경치를 감상하느라 열을 지어 다니던 모습이 지금도 생생히 떠오른다. 괴테는 그곳에서 강변을 따라 펼쳐지는 아름다운 경관을 마음속 깊이 간직하며 감상하였으리라. 내가 자주 건너다니던 그곳을 기념하는 기념품에 자주 등장하는 너무나 인상적인 그 쉬타인 부뤼케도 분명 바라보았을 것이다. 돌로 된 건축물들은 건축 당시뿐만 아니라 시간의 간격을 넘어 다른 시대의 사람들끼리 함께 거기 오래도록 살게 한다.

9월 6일엔 아침 일곱 시에 뮌헨에 도착해서 12시간 동안 이리저리 도시를 둘러본다. 뮌헨의 미술관에선 왠지 낯선 느낌이 들었으나 루벤스의 스케치가 그에게 기쁨을 주었다고 기록하고 있다. 아마도 루벤스의 그림들이 가진 사람들의 생각을 그린 듯한 화폭 속의 신비가 주는 기쁨이었는지도 모를 일이다.

뮌헨은 레겐스부르크에서 가까운 도시라 주말이면 아우토반을 달려 나도 자주 들르곤 했던 도시다. 옥토버페스트 맥주 축제에 갔던 그 옛날의 하루가 기억에 생생하다. 아침이면 새벽 일찍 일어나고 초저녁부터 다음 날 일을 위해 조용히 휴식하는 것 같은 정말 착실한 독일인들의 술 취한 모습을 신기하게 맘껏 구경할 수 있었던 축제였다.

맥주의 기분 좋은 취기를 타고 "바이에른 바이에른 바이에른 …… 밀라노 밀라노 밀라노"를 무리 지어 목청껏 외치고 집으로 가는 길엔 마시던 컵을 하나씩 가지고 가다가 어디든 기분 내키는 대로 그 큰 맥주 컵을 베고 길거리 잠을 자기도 하던 그때 그들의 모습이 지금도 눈에 선명하다. 그곳 괴테가 보던 그 아름다운 건물들, 그때의 미술관, 여름 궁전 등이 있는 이 아름다운 도시에서…….

그리고 괴테는 티롤의 인스부르크로 간다. 그는 인스부르크의 성모마리아 축일 미사를 위해 바람보다 더 빨리 달려갔다고 쓰고 있다. 인스브루크에서부터 오르는 길은 점점 아름다워지는데 어떤 묘사도 따르지 못할 정도라 했다.

내게도 모차르트의 고향 빈을 찾아가는 길에 인스브루크에 들렀던 여름날이 있었다. 산기슭을 한가로이 방울 소리 울리며 오르내리던 양 떼들, 비스듬한 산등성이의 평화는 어디에도 없는 그곳만의 것이었다. 계곡물이 맑게 산마을을 지나가고 마을 남자들이 모여 초록빛 전통의상을 입고 거대한 성당으로 미사를 보러 바쁘게 가던 모습들, 내가 머물던 작은 호텔의 아주머니가 아침마다 정성껏 준비해 주던 커피, 갓 구운 바삭한 참깨

뮌헨 구시청사

하드롤, 에멘탈 치즈가 티롤의 아침을 더욱 행복하게 했었다.

그리고 봄날의 알프스 야생화들이 융단처럼 깔린 신비의 안개가 휘감겨 도는 세계 자연문화유산 돌로미테 알프스산맥, 미주리나 호수, 유럽인들이 천상의 트레일로 예찬하는 코르티나 담페초의 고원의 비경을 잊지 못한다.

괴테는 필자가 여행의 인연이 닿을 때마다 각 나라 지역을 만나곤 했던 이탈리아, 독일, 스위스, 오스트리아, 프랑스, 유고슬라비아 등 다국의 국경인 아름다운 거대 산맥 알프스 지역의 브레너를, 그리고 볼차노에 도착한다. 현재는 티롤 지방의 전통 요리, 스키 즐기기에 좋은 곳이다. 오스트리아와 이탈리아가 이어지는 곳으로 독일어와 이탈리아어를 함께 쓰는 거리를 보는 것도 재미있다.

9월 22일, 그 알프스를 뒤로 둔 티에네에 도착한다. 그는 여기 와서, "이탈리아 사람들은 궁중 사람들 같아서 자신들을 일등 민족으로 자처하고 누구나 인정할 만한 확실한 장점을 가지고 있기 때문에 당연히 자부심도 가질 수 있을 것이다"라고 생각해 본다.

---

## 곤돌라와 타소 꿈에선가, 고독에선가

9월 28일, 베네치아에 도착한다. 멀리서 베네치아를 보고 그는 "이제 베네치아는 내게 더 이상 단순한 단어가 아니며 공허한 이름이 아니다"라 쓰고 거기에 온 것을 감격의 순간으로 맞이하고 있다. 그리고 그를 태우기 위해 다가온 곤돌라 뱃머리와 검은 선체가 모두 오랜 친구처럼 그를 맞이해 주었다고 쓴다. 그리고 한 20년 정도 까맣게 잊었던 어린 시절 아버지가 이탈리아 여행에서 사 오신 아름다운 곤돌라 모형을 가지고 놀아도 된다고 허락하였을 때 뛸 듯이 기뻤던 기억을 떠올린다. 소년 시절 너무나 인상 깊었던 순간을 다시 한번 만끽했다.

베네치아 곤돌라

산마르코 대성당

베네치아는 내가 본 세계의 어떤 도시보다 가장 환상적인 첫 인상과 더없이 끌리는 매력을 가진 도시다. 내가 맨 처음 베네치아를 본 것은 산타루치아역을 나서면서였다. 기차로 도착하여 역을 나선 순간, 안개 낀 베네치아는 물안개를 면사포로 쓴 신부처럼 아름다웠다. 베네치아는 홍수가 난 듯한 물을 무서워하지 않고 사람들이 모두 로망하는 물 위에 집을 짓고 물과 놀고 있는 곳이다. 이웃집에 갈 때도 배를 타고 가는 그리고 매혹에 가까운 몸매를 가진 곤돌라를 맘껏 치장하여 소리 높여 노래하며 물의 향기를 날리는 그런 곳이다.

그리고 익명의 자유를 실컷 맛볼 수 있는, 길을 잃어버릴 듯 아슬아슬한 미로 같은 골목마다 수없이 다양한 모양의 셀 수 없이 많은 가면이 팔리고 있는 곳이기도 하다. 가면은 사람들을 불편하게 하는 사회적 존재의 망 안에서의 갇힘을 벗어나게 하는 대상이기도 하다. 그래서 그 옛날부터 사람들은 가면을 쓰고 가장무도회를 하고 축제를 하고 그 안에서 또 다른 미로 속의 행복을 길어 올리곤 하지 않는가. 물론 베네치아의 가면 축제는 당연히 세계인들의 마음을 충분히 유혹하고 있고…….

물 사이의 아치형 다리 그리고 찬란한 건축물의 매혹, 거긴 사람들이 일상적으로 사는 곳에 없는 것으로 가득하다. 이 모든 것은 자신의 현실에서 떠나 새로운 것을 찾으러 온 사람들을 사로잡을 수밖에 없다. 사람들은 여행에서 일상생활에 없는 무엇을 구하고 즐기고 싶어 하고 베네치아는 생활 속의 결핍을 마음껏 채워 주는 것들로 가득하다.

### 베네치아

– 홍수가 놀이네

홍수가 놀이네 베네치아
목마른 휴식에 홍수나네
새 얼굴 만들고
새로 한 번 놀라고
가면이 새 얼굴 파네
유리가 즐비하네
잘 깨지는 유리로
아픈 현재 깨라하네

와도 다시 가고
가도 다시 오는
원형의 길목이네

비둘기 가득 날아
깃털 같은 날들이네

물 위에 걸린 다리
아치로 물 건너가네
우아한 몸뚱이 사이로
수줍은 많은 행복 얼굴 잠깐 내미네
잘난 곤돌라 어깨 움찔하네

— 동시영 시집, 『낯선 神을 찾아서』에서

괴테는 여기서 '영국 여왕'이란 이름의 안락한 숙소에 머물게 된다. "이 여관은 산마르코 광장에서 그리 멀지 않은 운하를 향해 창이 있는 그 아래 무지개 모양의 다리가 하나 걸려 있고 건너편에는 좁고 번잡한 골목이 있다"고 써 놓았다. 여기서 그는 그토록 오랫동안 갈망해 왔던 고독을 이제야 충분히 누릴 수 있게 되었다고 기뻐한다.

9월 29일, 그가 맨 처음 찾는 장소는 리알토 다리다. 성 미카엘 축일이어서 잘 차려입은 여인들이 축복의 대천사장 교회로 가려고 여럿이 떼를 지어 나룻배로 물을 건너는 모습을 보고 배에서 내리는 그 여인들을 더 자세히 보기 위해 다리를 떠나 선착장으로 내려간다. 거기서 그는 너무나 아름다운 얼굴과 자태의 여인들을 몇몇 발견하고 즐거워한다.

리알토 다리

나도 어느 여름날 베네치아에 처음 도착했을 때 이 아름다운 아치형 다리에 끌려 근처에 숙소를 정하고 베네치아에서의 빛나는 나날을 보낸 적이 있다. 작은 잔에 담긴 에스프레소를 가볍고 기쁜 웃음에 타 마시곤 하던 그때의 사람들 웃음이 다시 또 찾아온 리알토 다리, 이탈리안들 미소에 겹쳐져 웃고 있었다. 그 미소 속에서 이곳에 셰익스피어의 『베니스의 상인』 샤일록이 살았던 집이 있었는데 하는 생각을 잠시 해 보기도 했다. 리알토 다리는 언제나 관광객들이 정말 많이 북적이는 베네치아의 최고 명소다.

괴테는 여기서 피로해지자 곤돌라를 타고, "아드리아의 지배자가 된 듯한 느낌을 맛보기도 했다"고 즐겨 이야기하곤 하던 아버지를 떠올린다. 그리고 자신도 그런 기분에 젖어 본다. 10월 6일, 다시 한번 곤돌라를 탄다. 이탈리아 소렌토 태생의 시인, 타소와 아리오스토의 시를 독특한 선율로 노래한다는 뱃사공의 노래를 예약하여 달빛을 받으며 곤돌라에 오른다. 그때, 두 명의 가수는 교대로 한 소절씩 노래를 불렀다. 그리고 가수들은 주데카섬에서 내려 서로 반대편으로 가 노래했는데 괴테는 양쪽을 오가며 그 노래를 들었다.

그 노래는 "무언가 눈물이 날 정도로 감동적인 요소가 있었다"라고 했다. 그리고 베네치아에서 고용한 그의 하인은 건너편 섬 리도의 여인들, 특히 말라모코와 팔레스트리나 같은 베네치아 남부 출신 여인들 노래를 들어 보라 권하기도 한다. 그들은 남편이 고기잡이를 나가면 저녁때 바닷가에 나와 앉아 낭랑한 목소리로 노래를 부르는 관습이 있었고 먼바다에 나간 남편은 그 소리를 듣고 노래로 응답했다는 아름다운 전설이 있었다고 기록해 두었다.

그리고 산마르코 교회의 천장 종루를 방문하고 베네치아 명화들을 감상한다. 눈부신 햇살을 받으며 연안호를 통과해 가는 동안 가볍게 하늘거리는 화려한 옷을 입은 곤돌라 사공들이 뱃전에 서서 푸른 하늘 아래 연녹색 수면 위를 노 저어 가는 광경을 바라보면서 베네치아파 화가가 그린 최고의 명화를 보는 것 같다고 했다.

베네치아에 다시 온 나는 또 한 번 곤돌라를 탔다. 두칼레 궁 뒤편으로 나 있는 선착장에서 탄 배는 석양 무렵의 탄식의 다리

아래를 지나 베네치아 물길의 우아한 곡선 위를 미끄러지고 있었다. 그러나 그 옛날 괴테 시절의 그 타소의 시는 물론 들을 수 없었다.

스트라이프 무늬 티셔츠를 입은 뱃사공 아저씨는 맞은편 배의 뱃사공 아저씨와 일상의 이야길 주고받고 있었다. 괴테가 달빛 속에 두 명의 가수 사이를 오가며 듣던 타소의 시를 생각하며 곤돌라를 타는 내겐 석양 속 곤돌라를 노 젓는 두 명의 뱃사공이 서로 주고받는 이야기, 그 또한 현재의 생활을 읊조리는 오늘날의 생활 시로 들려왔다. 그리고 순간 나의 논문 쓰기와 바이마르 니체 박물관 여행과 그에 대한 산문 쓰기를 통해 만나곤 했던 니체의 시 「베네치아」를 그 베네치아 물결 위에 마음으로 써 내려가 보았다.

나는 다리에 서 있었다
다갈색으로 물든 그날 밤
멀리서 노랫소리 들려왔다
그 소리는 황금빛 물방울이 되어
출렁이는 수면을 흘러갔다
곤돌라가 등불 빛이 음악이
취한 듯 황혼 속을 표류하고 있었다

나의 영혼은 리라의 가락을 홀로 연주하였다

곤돌라의 노래가 은은히 가락을 맞추었다

화려한 축복에 떨면서

−누가 그것을 들었을까?

– 니체의 「베네치아」

그리고 알프스의 산자락에서 겨울엔 여기 베네치아와 남프랑스의 니스에서 사유의 깊이를 길어 올렸던 니체의 철학서들에서 본 내용들을 잠깐 생각해 보았다.

또한 베네치아에 왔던 영국의 낭만파 시인 바이런을 잠깐 떠올려 보았다. 1817년 10월 이탈리아에 와 베네치아의 포목상집에 묵고 검은 눈의 아름다운 안주인 마리안나 세거티와 사랑에 빠진다. 그러고는 극시 「마리노 팔리에로」, 「포스카리 2대」 등에 화려했던 베네치아를 쓰기도 한다.

베네치아는 바이런의 체류 이후 낭만주의자들의 성지가 되어 뮈세, 브리스 미슐레 등이 찾아온다. 프랑스의 바이런이라 불리는 뮈세는 「에스파냐와 이탈리아 이야기」로 시를 쓰기 시작한다. 그리고 뮈세는 쇼팽과의 연애 등으로 일화를 남긴 조르주상드와 함께 베네치아를 찾기도 한다.

괴테는 가까운 주변 섬들도 다녀온다. 9월 30일엔 주데카섬의

팔라디오의 대작 일 레덴토레 성당을 다녀온다. 내부와 외관의 아름다움에 감탄하기도 하고 산모세 극장에서 오페라를 관람하기도 한다. 그리고 10월 3일엔 총독 궁정에 가서 공개적으로 열린 재판을 구경한다.

괴테는 재판 장면들을 아주 흥미진진하게 보고 기록해 놓았다. 그리고 변호사 레카이니의 변론 장면을 직접 스케치해 남기고 있다. 그가 변호사였기 때문에 재판이 더욱 흥미로울 수 있었을 것이다. 이는 재판을 받고 마지막으로 건넜다는 탄식의 다리를 건너간 카사노바를, 셰익스피어의 샤일록 재판을 생각나게 하는 대목이기도 하다.

10월 6일엔 성 유스티나 교회에서 거행된 대미사를 보고 병기창을 구경한다. 10월 8일엔 리도섬을 찾는다. 정오 무렵 썰물 시간에 단단한 바다 바닥을 밟으며 조개껍데기를 주워 모으고 고기잡이배를 타고 먼바다에 나가 보고 어시장에서 다양한 해산물을 보면서 즐거운 시간을 보낸다. 그리고 괴테는 베네치아의 바다 오염, 천년을 유지해 온 베네치아의 안전, 쓰레기 문제 등을 생각해 본다.

10월 14일, "이제 나는 이제 곧 우편선을 타고 페라라로 간다. 나는 기꺼이 베네치아를 떠난다. 마음속에 풍요롭고 진기하며 독특한 인상을 가득 간직한 채 이곳을 떠난다"라고 쓴다.

어떤 여행지는 여행자들에게 사람처럼 정들게 하고 헤어짐을

플로리안 카페

섭섭하게 하고 그리고 자주 그립게 한다. 사람만 정드는 게 아니고 때론 공간, 장소들도 깊이 정들게 한다. 아마도, 자신은 잘 모르는 사이 그곳의 모든 것들이 함께 모여 다시 오라고 손짓하여 오래도록 다시 또 그립게 하는 것일지도 모를 일이다. 그리고 그곳을 만나고 싶어 다시 또 찾아가기도 하고. 베네치아는 그 이름처럼 다시 찾고 그립게 하는 곳임이 틀림없다.

나폴레옹은 베네치아를 점령한 후 아름다운 산마르코 광장을 보고 유럽에서 가장 아름다운 응접실이라 했다. 나는 이 아름다운 광장에 다시 또 오게 된 기쁨을 광장 오른편에 있는 카페 플로리안에 들러 새롭게 간직하기로 했다. 아이스크림, 에스프레소, 예쁜 마카롱과 함께하는 사람들의 행복한 모습들이 오늘도 가득한 이곳에서…….

플로리안은 바로, 괴테가 즐겨 찾아가곤 했다는 카페다. 내가 처음 보았을 때나 지금이나 이 광장의 카페 중에서 가장 돋보이는 곳이다. 그 옛날과 똑같이 카페 밖에선 라이브 연주가 흐르고 한 잔의 쓰고 달콤한 에스프레소에 떠오르는 추억과 함께 생각들의 향기가 마음속을 흐르고 있었다.

플로리안은 1720년에 시작하여 바그너 등 많은 유명인, 예술가들의 사랑을 받아 온, 당시 여성의 카페 출입이 가능한 유일한 곳이어서 카사노바도 자주 찾았다는 카페로도 유명하다. 베네치아에선 아카데미아 박물관을 다시 찾지 않을 수 없었다. 베네치아의 화가들 그림을 볼 수 있는 곳이다. 16세기 베네치아는 미술의 메카이기도 했다. 그들은 풍부한 색채를 썼으며 베네치아의 풍경을 많이 그렸다. 모래 가루를 섞어 쓰는 특수 기법 그리고 특수한 화학적 연구를 통한 물감으로 그들만의 색감을 창조한 그림들을 만날 수 있다.

벨리니의 〈산마르코 광장의 행진〉, 〈피에타〉, 티치아노의 〈세인트 존〉, 틴토레토의 〈산마르코〉 등 수백 점의 그림들을 마주하고 지금은 없는 그 옛날 그 시대의 베네치아 모습을 만나는 것도 즐겁다. 아치가 아름다운 찬란한 그림 그리는 거리를 걷다가 미술관을 거닐고 마음으로 그림 속을 거니는 것은 더없는 즐거움이다.

아카데미아 미술관

산마르코 광장과 아카데미아 미술관을 거닐어 오다가 산마르코 광장 근처의 헤리스 바Harry's bar에 들러 카르파초를 맛보는 것도 즐거운 일이다. 이곳의 요리사 주세페 치프리아니가 빈혈에 시달리다 의사로부터 날고기가 빈혈에 좋다는 음식 처방을 받은 귀부인, 나니 모체니고를 위해 만들었다는 요리다. 육회처럼 얇게 저민 소고기에 루콜라, 우스터소스, 타바스코 몇 방울을 넣은 요즘엔 문어, 생선으로 만들기도 하는 요리다.

이 음식을 처음 만들었을 때 한참 성황리에 전람회를 하고 있던, 붉은색을 많이 쓰는 카르파초를 떠올리고 요리 이름을 그의 이름으로 지었다고 한다. 이곳은 요즘엔 티치아노와 벨리니라는 베네치아 화가 이름의 칵테일을 만들어 내기도 한 베네치아인들의 창조적 발상을 맛볼 수 있는 특별난 장소다. 또한 어니스트 헤밍웨이, 서머싯 몸, 찰리 채플린, 다이애나와 찰스 왕세

자가 들르기도 했다는 특별난 장소이기도 하다.

물과 안개의 신비로 포장한 아름다운 베네치아는 떠나도 곧바로 그리워지는 그리움의 장소다. 창조적 에너지를 새롭게 흡수하기 위해 달려온 괴테가 어찌 여기 오래 머물고 싶지 않았겠는가. 그러나 두고 떠나는 아쉬움에 베네치아를 놓고 그가 너무나 가 보고 싶어 한 예술적 꿈의 학교, 로마에 대한 동경에 그의 길은 이어지고 있다.

---

## 익시온처럼 수레에 끌려 로마에 간다 해도

괴테는 로마에 도착하여 그가 이탈리아에서 본 최상의 것을 회상하며, 마치 주피터의 머리에서 팔라스그리스 신화에 나오는 지혜의 여신가 생겨나온 것처럼 바다의 품에서 생겨나온 존재로 생각한다.

10월 18일, 괴테는 볼로냐에 도착한다. 그가 오래 머물 생각이 없다고 말하자 민첩한 안내원은 서둘러 많은 궁전과 교회를 보여 주었다. "그가 들른 곳을 안내서에 표시할 여유조차 없을 정도였다"라 했다. 괴테의 여행으로는 정말 믿기지 않는 얘기다. 이탈리아 어디에나 그렇지만 볼로냐도 볼 것이 많다. 괴테가 구체적 언급은 하지 않았지만 그래도 코뮤날레 궁전, 포데스타 궁전,

산페트로니아 성당, 마조레 광장쯤은 보았을 것으로 생각된다.

그리고 괴테는 볼로냐를 너무 바쁘게 보아 아쉽지만, 그래도 한편 안도감을 느끼게 한 유물을 상기해 본다. 먼저 그는 이미 알고 있었던 라파엘로의 「세실리아」를 눈으로 직접 본 것을 기뻐한다. 국립회화관은 오늘날에도 라파엘로 그림을 보기 위한 볼로냐의 관광 명소다.

여기서 괴테는 독일의 화가 알프레드 뒤러를 생각한다. 뮌헨에서 본 그의 위대한 작품을 생각하고 그가 네덜란드를 여행할 때, 그에게 행운을 가져다줄 것으로 기대했던 자신의 작품을 앵무새 몇 마리와 바꾸어 버리거나 과일 한 접시를 가져다준 하인들에게 건넬 몇 푼의 팁을 절약하기 위해 그들의 초상화를 그린 사실을 생각해 본다. 그는 "나는 그렇게 불쌍한 예술가를 생각하면 가슴이 뭉클하다"라 썼다.

내가 레겐스부르크에 있을 때 카이저부르크와 함께 그곳 뒤러의 집, 박물관을 들러 더욱 생생하게 그의 예술과 삶을 느낀 적이 있다. 뒤러는 독일인들이 너무나 자랑스러워하고 세계인들도 많이 사랑하는 화가다. 괴테는 자기 조국의 예술가를 이탈리아에서 떠올리고 그의 아픈 가난을 안타까워했던 것이다.

볼로냐는 마음씨 좋은 작은 호텔 주인 아주머니가 있던 피렌체에 한동안 머물렀을 때 들른 적이 있다. 피렌체에서 기차로 한 시간 거리에 있는 피사, 시에나, 볼로냐를 다녀온 그때 만났던 고도다. 거기서의 크고 작은 학술 세미나, 음악회의 기억을 지금도 선물처럼 마음속 깊이 간직하고 있다. 그곳에 간 것은 무엇보다 기호학을 공부해 오는 과정에서 움베르토 에코의 『열린 예술작품』 등 이론서와 소설을 읽으면서 심리적 거리가 한없이 가까워졌고 그래서 움베르토 에코가 있는 볼로냐대학을 방문하고 싶어서였다. 그리고 서양의 본격적 대학의 시초라고 하는 그 볼로냐대학의 학문적 향취를 느끼고 싶어서였다. 또한 피렌체의 단테를 쓰면서 그가 친어머니가 아닌 계모와 사는 피렌체의 아버지 곁을 떠나 가 보곤 했던 그곳에 나도 가 보고 싶었기 때문이었다.

10월 23일, 괴테는 피렌체를 만난다. 성당과 세례교를 한눈에 훑어보고 시내를 잰걸음으로 지나갔다. "내가 몰랐던 아주 새로운 세계가 눈앞에 펼쳐졌지만 나는 오래 머무르고 싶지 않아 들

피렌체의 두오모

어갈 때만큼이나 빨리 그곳을 빠져나왔다"고 쓰고 있다. 르네상스의 본거지 피렌체를 아무리 빠르게 보고 지나갔다 해도 피렌체의 상징, 붉은 지붕의 아름다운 두오모를 봤을 것이며, 세례당을 보았다고 하는데 바로 두오모 앞의 산 조반니 세례당을 말하는 것으로 보인다.

그가 지나가며 봤다는 세례당은 1452년 기베르티가 피렌체의 수호성인에게 바친 팔각형 건물이다. 미켈란젤로가 천국의 문이라고 명명한 동문이 너무나 유명하다. 언제나 사람으로 붐벼 자세히 볼 수 없었던 그곳이 다시 찾은 그 저녁 한때엔 기적처럼 텅 비어 있던 적이 있었다. 한 번, 아담과 이브의 탄생부터 열 번, 솔로몬이 시바의 여왕으로부터 선물을 받음까지 마음껏 상세히 본 적이 있다.

내게 있어 피렌체는 그 어떤 도시보다 그리운 도시이기도 하다. 지금도 아르노 강변의 도서관, 우피치 미술관, 단테의 집, 아르노강 위의 베키오 다리가 그립다. 저녁 무렵 미켈란젤로 언덕에서 다시 한번 듣던, 지오토의 종루에서 들려오던 그 종소리는 아직도 마음속에서 울려 퍼진다. 다음에 다시 간다면, 베키오 다리 위의 수없이 많은 선물 가게에 들러 자니 스키키의 아리아 「오 사랑하는 나의 아버지」의 가사에도 나오는 예쁜 반지를 꼭 사 오고 싶다.

다시 괴테의 여정은 지금도 그러한 피렌체 인근의 올리브나무, 포도나무를 보며 아레초 페루자를 지나 아시시에 이른다. 그가 팔라디오와 폴크만의 책에서 양식처럼 읽었던, 아우구스투스 시대에 건설된 미네르바 신전을 보러 간 것이다. 그는 마부를 떠나보내고 세찬 바람을 맞으며 아시시를 향해 걸어 올라갔다. 그는 이처럼 외딴 세계를 혼자 돌아다니고 싶었기 때문이었다.

괴테는 바빌로니아양식으로 층층이 포개 쌓은 성 프란시스코의 영면 교회의 엄청나게 큰 하부구조를 보고는 혐오스러운 마음으로 눈길을 돌렸다. 그러곤 한 미소년에게 마리아 델라 미네르바로 가는 길을 물었고 그 소년은 산자락에 자리 잡은, 미네르바 신전이 있는 도시까지 괴테를 데려다준다.

작은 도시에 걸맞게 아담한 신전이지만 완벽하게 설계되었고 두 개의 언덕이 만나는 곳이며, 광장이라 불리는 곳, 네 개의 길이 교차하는 곳이었다고 기록해 두고 있다. 그리고 그 옛날엔 신전을 마주하고 있는 집들은 아마도 없었을 것이라 생각해 본다. 또한 신전의 정면은 아무리 바라봐도 질리지 않았다 했다. 코린트식, 대좌의 절단 부분마다 다섯 개의 계단이 기둥 사이로 나 있었다고 자세히 묘사하고 있다.

괴테는 신전을 감상하고 로마가를 따라 내려가다가 경찰들을 만난다. 경찰들은 그들의 성인, 성 프란시스코의 영면 교회를 찾아 알현하지 않았다 하여 불쾌해한다. 그리고 밀수꾼으로 의심받고는 배낭도 없이 혼자 길을 가는 사람을 밀수꾼으로 의심하다니 터무니없는 억측이라고 반박한다. 괴테가 시내로 가서 영주에게 내 서류를 보여 주면 명망 있는 외국인이라는 걸 확인해 줄 것이라 하자 경찰은 그럴 필요는 없다고 한다.

경찰들과의 이런 말들이 오간 후, 가다가 다시 온 경찰 한 사람이 팁을 요구하자 그에게 은화 몇 닢을 주고는 종교 예술 때문에 오는 사람들을 보호해 달라고 부탁한다. 경찰은 예상보다 많은 돈을 받자 매우 기뻐한다. 그리고 괴테처럼 멋있는 남자가 예쁜 여자를 만나고 싶다면 자신의 추천으로 아시시에서 제일

미네르바 신전

미네르바 신전 입구

미네르바 신전 내부

아름답고 품위 있는 여성이 기꺼이 받아들일 것으로 장담한다는 말을 건넨다. 예나 지금이나 사람 사는 이야긴 크게 다름이 없다는 생각을 하게 하는 이야기다.

아시시는 수바시오산에 위치한 성 프란시스코가 태어난 도시다. 도시를 들어섰을 때 맨 먼저 보이는 것은 14세기에 세워졌다는 군사 요새, 로카 마조래다. 이곳은 신앙과 관계없이 많은 관광객들이 성 프란체스코가 잠든, 성 프란체스코 수도원을 찾는다. 여행 중 성당을 너무 많이 본 나는 수도원은 간략히 보고 먼저 괴테가 그리도 감탄했던 미네르바 신전을 찾았다.

수도원 앞에 서 있는 택시를 타고 미네르바 신전을 가자고 했더니 약 4, 5분이면 도착 가능하고 왕복 시, 30유로를 달라고 했다. 택시를 타고 오른쪽 방향으로 달리자 채 5분도 안 되어 아주 쉽게 미네르바 신전 앞에 도착했다. 괴테의 여행기를 떠올리며 코무네 광장 앞의 신전을 감상하였다. 지금은 교회가 된 신전이다. 신전의 위치나 건축 형태, 주변 지형은 지금도 그가 기술한 것과 같았다.

그 지방 사람들은 괴테의 말처럼 성 프란시스코를 매우 자랑스러워하는 것 같았다. 이곳 경찰들에게 살짝 시달리기도 한 괴테와는 달리 나는 이 지방 출신의 친절한 기사의 안내로 신전 맞은편 쪽으로 걸어서 약 5분 거리의 성 프란시스코가 자란 집과 마을 등을 잠시 둘러보기도 했다.

괴테의 여정은 폴리뇨에 도착한다. 거기서 가족 분위기 여관, 모든 사람들이 땅바닥에 불을 피워 놓고 불가에 모여 떠들며 이야기를 나누는, 긴 식탁에 같이 모여 식사도 하는 그런 다소 불편한 곳에 머문다. 그래도 다행히 누군가 잉크를 주어 글을 쓸 수 있었다 했다. 그리고 자기가 쓴 글씨를 보면 이곳이 얼마나 추우며 책상이 형편없다는 걸 알 수 있을 것이라 했다.

또한 이런 불편은 하루도 빠짐없이 겪는 애로 사항이라고 여행의 어려움을 토로한다. 그리고 아무 준비도 없이 혼자서 이 나라를 여행하는 것이 얼마나 무모한가를 생각한다. "하지만 나의 유일한 소망은 어떤 대가를 치르더라도 이 나라를 한 번 둘러보는 것이며, 익시온그리스 신화 속 인물로 헤라를 범하려다 제우스의 노여움을 사 불 수레에 묶이는 형벌을 받음처럼 불 수레바퀴에 매달려 로마로 끌려간다 해도 한마디의 불평도 하지 않으련다"고 그는 말한다. 이는 그의 로마와 이탈리아 여행에 대한 열망이 어떠한가를 확연히 느끼게 하는 말이다.

---

## 제2의 탄생, 로마에의 도취

1786년 11월 1일, 드디어 로마에 도착해서 그동안의 침묵을 깨고 고향의 친구들에게 편지를 쓴다. "지난 몇 년 동안은 마치 병든 것 같았고 그것을 고칠 수 있는 길은 오로지 이곳을 내 눈으로 직접 바라보며 이곳에서 지내는 것뿐이다. 드디어 세계의 수도에 도달했다. 티롤산맥을 날아온 것 같고 베네치아 등은 충분히 보았고 볼로냐 등은 대충 훑어보았으며 피렌체는 거의 아무것도 구경하지 못했다. 로마로 가고자 하는 욕구가 너무나 강렬했고 순간마다 더욱 높아졌기 때문에 잠시도 걸음을 멈출 수 없었기 때문이다. 피렌체에서는 겨우 세 시간밖에 머물지 못했다"고 쓴다.

그리고 "마음이 편안해져서 평생 동안 지속될 듯한 안정을 찾은 것 같다. 기억 속에 아로새겨진 최초의 동판화아버지는 일찍이 로마의 조감도를 현관 마루에다 걸어 놓으셨다를 지금 내 눈앞에서 실물로 바라보고 있는 것이다. 이 감각적인 사람들 사이에서 생활해 보는 것은 내게 대단히 유익한 일이다"라고 실로 감동 어린 기록을 하고 있다.

11월 1일, 만성절을 참석, 구경하며 구에르치노, 티치아노, 귀도 등의 그림을 감상한다. 이때 로마를 늘 함께 다니는 티슈바인과 아는 사이인 독일 화가 몇 명이, 신분을 숨기고 다니던 괴테가 로마에 왔다는 소문이 퍼졌다는 말을 한다. 괴테는 그때 장 필립 묄러를 가명으로 썼으나 사람들은 그를 즐겨 론다니니 남작으로 불렀다.그의 로마 거처가 론다니니 궁전 건너편에 있었음

1월 7일엔 로마는 유적이 많아 너무 많은 걸 보고 감탄하여 저녁이면 기진맥진한다고 했다. "로마에 오니까 마치 커다란 학교에 온 것 같아서 하루 중에 본 것이 어찌나 많은지 그것에 대해 감히 이야기할 엄두조차 나지 않을 정도이다. 그러니 몇 해 동안 이곳에 체류한다 하더라도 피타고라스식의 침묵을 지키며 지내는 것이 가장 현명한 방법인 것이다"라는 그 유명한 말을 쓰기도 한다.

그리고 같은 날 라파엘로의 전시실과 아테네파의 커다란 그림바티칸 박물관의 라파엘로 실의 거대한 벽화을 보았다 했다. 어렸을 적에 때때로 기이한 망상에 사로잡히곤 했는데 예술과 학식이 있는 영국 남자에게 이끌려 이탈리아로 간다는 기발한 착상이었다. 티슈바인이 오랫동안 나의 진정한 친구로서 이곳에 오래 살아왔는데 그는 로마를 나한테 보여 주려는 희망을 품고서 이곳에 살

았던 것이며 우리 관계는 편지로 오랫동안 지속되어 왔는데 이젠 얼굴을 맞대고 우의를 다질 수 있게 됐다며 너무나 기뻐한다.

11월 9일 일기엔 "이탈리아에서 본 최상의 것은 베네치아, 로톤도 판테온 신전이 있는 로마 중심지의 내부와 외부는 저절로 존경심이 나올 만큼 장엄하여 나를 감동시켰고, 성 베드로 성당에서는 예술도 자연처럼 모든 척도를 초월할 수 있다는 것을 파악하게 되었다. 그리고 벨베데레의 아폴로상은 나를 현실 세계에서부터 끌어내어 거기에 푹 빠지게 했다"라 쓰고 있다.

내가 이탈리아의 도시 중 다른 도시보다 가장 많이 만난 곳은 로마다. 로마를 다시 만날 행운을 가진 어느 여름날 로마에 갈 때마다 들르는 스페인 계단을 다시 찾았다. 여긴 로마에 가면 언제나 들르는 곳이다. 영화 〈로마의 휴일〉에서의 오드리 헵번 모습을 떠올리고 여행의 행복 속에 들뜬 사람들의 모습을 보는 건 또 하나의 특별한 여행이다.

또한 바로 인근의 코르소가 20번지에 살며 이곳을 자주 찾았던 괴테, 그리고 바이런, 안데르센, 발자크, 스탕달 등 셀 수 없이 많은 작가와 시인들을 생각해 보곤 한다. 스페인 계단 왼쪽에 위치한 키츠, 셸리 박물관에선 늘 특별한 전시가 있어 새로운 즐거움을 찾을 수 있다. 다시 찾은 박물관에서 작은 책자를 하나 사고 바르카차 분수가 있는 거리로 나섰다.

스페인 계단 앞의 바르카차 분수를 지나면 샤넬 등 명품 숍들이 즐비한 콘도티 거리가 있다. 이 거리엔 1760년부터 시작한 〈안티크 카페 그레코〉가 있다. 괴테, 바이런, 비제, 리스트, 스탕달, 고골, 안데르센, 롯시니, 바그너, 구노 등 수많은 예술가들이 들러 예술과 삶을 이야기 하던 곳이다.

로마에서의 일정은 언제나 바빠 코르네토크루아상와 커피 한 잔으로 기분 좋은 점심을 하고 괴테 박물관을 찾기로 했다. 관광객들과 세계적 명품 옷가게들이 즐비한 골목을 지나 괴테 박물관을 찾았다. 포폴로 광장이 이어지는, 코르소가 20번지론다니니 palazzo에서 다시 괴테를 찾았다. 순간, 『이탈리아 여행기』에서 본, 2층 그가 살던 집에서 거리를 내다보던 그의 뒷모습이 선명하게 생각 위를 스쳐 지나갔다.

2층 외벽엔 로마에서 언제나 함께했던 화가 티슈바인이 그린 등신대의 여행자 모습으로 하얀 망토를 걸치고 무너져 내린 방

괴테 박물관

첩 탑 위에 걸터앉은 자세로 멀리 로마의 캄파니아 지역의 폐허를 바라보고 있는 그림이 걸려 있었다. 그 그림은 괴테 대신 그의 그 옛날의 처소를 찾아오는 사람들을 반갑게 맞이하고 있었다.

이는 『이탈리아 여행기』 표지에서도 만났던 그림이다. 그리고 괴테 박물관을 알리는 붉은 깃발이 바람에 휘날리고 있었다. 이국땅 박물관의 그의 책, 물건 등은 여기 로마에서의 괴테 생활을 말해 주고 있었다. 독일 바이마르에서 본 그의 집, 그리고 집필실, 가든 하우스가 다시 겹쳐 떠올랐다. 이탈리아에서 수집한 수많은 미술품들과 함께.

### 낡아서 빛나는 곳

로마는
낡아서 빛나는 곳
무너지지 않은 것은
의미가 없다
낡음이
시간의 미학을 건축하고
무너짐이 낳은
생기의 키를
키워 올린다

들이 역사를 갈아엎고
올리브를 심어도
녹빛 열매 속에선
기름이
낡아서 찬란한
시간의 눈을 반짝인다

로마는
모든 것의 젊음이
가장 부끄러워지는 곳
시간의 세포 속에서
낡은 것들이 마음 놓고
낡을 수 있는 곳

– 동시영 시집, 『미래 사냥』에서

체스티우스의 피라미드, 팔라티노 언덕……. 도메니키노의 프레스코화, 파르네시나의 프시케의 이야기를 그린 그림, 성 베드로 성당의 몬토리오에서 라파엘로의 「변용」을 보고 이 그림들은 마치 편지로 주고받다가 처음 대면하게 되는 친구 같다고 생각하기도 하고…….

시스티나 천장화

11월 22일엔 티슈바인과 성 베드로 성당으로 다시 가 거닐고 커다란 오벨리스크 그늘에서 쉬다가 근처에서 사 온 포도를 먹기도 한다. 그리고 시스티나 예배당으로 들어갔다. "미켈란젤로의 「최후의 심판」과 천장에 그려진 다양한 그림들은 우리의 경탄을 자아냈다. 나는 그것을 보고 그저 놀랄 뿐이었다. 그 거장의 내면적인 확고함과 남성다움, 그 위대함은 어떠한 표현으로도 충분히 설명할 수 없었다"라 기록해 두었다. 그리고 이곳을 몇 번이고 반복해 본다.

11월 28일, 시스티나 예배당을 또다시 방문, 천장을 좀 더 가까이에서 볼 수 있는, 낭하의 문을 열어 주도록 부탁한다. 그 감동을 "미켈란젤로에게 반했으며 자연조차도 그 거장만큼의 취향을 갖지 못할 것 같다는 생각이 들었다. 아무래도 나는 그런

거장만큼 위대한 눈으로 자연을 볼 수 없기 때문이다. 그런 영상들을 마음속에 단단히 붙들어 맬 수 있는 방법이 있다면 그 무엇과도 비견할 수 없을 것"이라고 쓴다. 그리고 그가 로마 땅을 밟게 된 그날이야말로 그의 제2의 탄생일이자 그의 진정한 삶이 다시 시작된 날이라고 생각한다.

또한 "지금까지 가지고 있던 개념들을 보면 마치 어릴 적에 신던 신발 같다 하고 내가 나 자신을 부정하지 않으면 안 될수록 더욱더 즐겁다"고 했다. 그 후 2월 2일, 시스티나 예배당을 다시 간다. 시스티나 성당의 반복적인 방문을 통해, 미켈란젤로의 시스티나 역작들이 그에게 얼마나 큰 감동을 주었는가를 절감하게 한다.

로마는 너무나 많은 볼거리로 사람들을 놀라게 한다. 갈 때마다 시간은 늘 부족한 곳, 감동의 깊이는 더욱 커지고, 로마의 모든 것을 통해 고대의 향기까지도 마음 가득 실어 올 수 있는 역사의 학교, 박물관이다. 내게도 그 무수한 볼 것들 중에서 가장 인상적인 것은 시스티나였다. 다시 또 로마를 만나게 되어 콜로세움역에서 지하철을 타고 옥타비오역에서 내렸다. 사람들은 언제나처럼 즐거움과 기대에 찬 표정을 하고 시스티나로 향하고 있었다.

그림이 아닌 조각의 느낌으로 다시 또 다가오는 시스티나 천장화는 경이와 존경을 마음에 깊이 새기게 했다. 미켈란젤로가 넘었을 예술 창작이 주는 찬란한 고통과 그것을 완성한 후의 환희가 하늘의 별처럼 천장에 떠 있었다. 대낮 속의 신비론 밤처럼 예술로 뜬 신비의 별빛에 취할 수밖에 없었다. 사람들도 각자의 도취에 빠져 예술의 별을 바라보고 있었다.

1508년 5월 10일 착수, 1512년 10월 30일 완성의 4년 5개월 동안 천장화를 그리고 등이 활처럼 휘어지고 회반죽이 눈에 떨어져 시력을 많이 손상당했다는 이야길 다시 떠올리며 나도 모르게 다시 감동의 눈물을 흘릴 수밖에 없었다. 최후의 심판에 가득한 391명의 인물들이 살아 나와 그 후의 다른 모든 예술품들의 미숙한 예술성을 심판하고 있는 듯했다.

괴테는 석고장이한테서 주피터의 거대한 두상을 사다가 로마 코르소가의 숙소, 빛이 잘 들어오는 침대 맞은편에 놓는다. 그리고 아침에 잠에서 깨자마자 그 두상 앞에서 기도를 드린다. 또한 로마에서 최초로 그가 마음 끌렸던, 주노의 거대한 두상을 새로 주조한 작품을 사들인다. 괴테는 이에 대해 어떤 말로도 그 매력을 설명할 수 없고 호머의 시와 같은 것이라 했다.

그리고 로마에서, 그리고 베네치아에서 가장 많이 썼다고 하는 「이피게니에」를 완성한다. 잠자리에 들 때 다음 날의 집필 일정을 세워 놓았다가 잠에서 깨어나면 곧바로 작업에 착수했고, 한 줄 한 줄, 한 단락 한 단락 규칙적 운율을 밟게 하면서 썼다고 한다.

한편 「타소」에 나오는 여러 인물들을 놓고 씨름하고, 「델피의 이피게니아」를 쓰는 게 어떨까 생각한다. 큰 방의 벽난로 곁에 앉아 잘 타들어 가는 불길이 새 페이지를 쓰기 시작해야겠다는 용기를 북돋워 주기도 했다는 등등의 작가로서의 솔직한 고뇌들을 들을 수 있다.

1월 19일엔 카피톨리노 지역을 보고 테베레강을 건너가 막 도착한 배 위에서 스페인산 포도주를 마시며 예술적 낭만을 즐긴다. 그리고 2월 2일엔 틈나면 들르는 시스티나 성당을 나와 타소가 묻혀 있는 오노프리오 수도원에 간다. 거기서 그는 수도원 도서실의 타소 흉상을 보기도 한다. 저녁엔 만월의 달빛을 가득 받으며 로마를 두루 산책한다. 집시들이 바닥에 불을 피워 연기와 달빛이 어울렸고 그 광경은 정말로 절경이었다며 콜로세움의 괴테 시절 야경을 말해 주고 있다.

---

## 나폴리는 천국이다, 나폴리를 보고 죽으라

나폴리에 도착한 괴테는 "나폴리는 해변과 만, 넉넉한 바다, 베수비오 화산, 시내, 바다, 성곽 모든 것이 뛰어나다. 나폴리에 넋을 잃고 매료된 모든 사람들을 이해할 수 있을 것 같다"고 했다. 그리고 "나폴리는 천국이다. 모든 사람들이 어느 정도 도취

폼페이에서 바라본
베수비오산

된 듯한 자기 망각에 살고 있다. 나도 마찬가지다. 나 자신을 좀처럼 인식할 수가 없고 완전히 다른 삶이 된 것 같다. 어제는 이런 생각이 들었다. 너는 옛날에 미쳤거나 아니면 지금 미쳐 있다"라고, "이곳 사람들이 흔히 말하는, 나폴리를 보고 죽으라는 말 외의 다른 말이 필요 없다"라 했다.

드디어 3월 2일, 베수비오 화산에 올랐다. 1771년도의 폭발 때 생긴 용암지대를 걸어서 지나 불과 두 달 반밖에 안 된 용암, 5일밖에 안 된 용암을 지나 분화구를 구경하려 하자 김이 너무 솟아 발끝이 보이지 않았다. 손수건으로 입을 막아 봤자 아무 소용없고 안내자도 보이지 않고 흩어진 용암 덩이를 밟고 다니는 게 불안해 그냥 내려온다. 3월 6일 베수비오에 다시 등정, 위험한 상황을 넘기기도 하며 화산재를 덮어쓰고 내려오고 3월 20일 다시 등정한다.

나는 나폴리를 생각하면 아름다운 스파카나폴리, 트리부날리, 카스텔 누오보 성 등을 유화를 걸어 놓은 듯한 바다를 구경하고 나폴리역으로 가던 중 만난 예쁜 이탈리아 대학생이 떠오른다. 36도를 넘나드는 더위에 역까지 동행하며 길을 안내해 주던 그 학생에게 나는 그저 물 한 병만 건넨 기억이 난다. 그리고 폼페이로 가는 길에 기차에서 만난 노부부도 언제나 나폴리와 함께 떠오르는 나폴리 사람들이다.

산 위로 거대한 증기가 솟고 화산재가 날았던 괴테 시절과 달리, 내가 본 베수비오는 그저 조용한 모습뿐이었다. 나폴리에서 보나 폼페이의 폐허에서 보나 시치미 뗀 고요 그것뿐이었다. 폼페이의 참혹이 베수비오가 한 일을 말없이 말할 뿐이었다.

괴테는 5월 14일, 초저녁에서 한밤으로 넘어가는 시간에 카프리에 도착한다. 카프리는 의미한 어둠 속에 잠겼고 베수비오 화산의 구름 띠가 붉게 타오르고 있었다. 그 아름다운 풍광에 몰두해 있을 때 배가 조류에 휩싸인다. 조류에 휩쓸려 빙빙 도는 배가 기우뚱거리며 암벽을 향해 서서히 다가가고 있었고 사람들은 선장에게 비난을 퍼붓고 있었다. 이때 괴테가 나서 선장이 침착할 수 있게 해야 한다 말한다. 이렇게 소란을 피우면 선장의 판단력을 마비시킬 것이니 이성을 가지고 기도하라고 했다. 다행히도 괴테가 탄 배는 나폴리에 무사히 도착한다.

내가 처음 나폴리에 도착했을 때 폼페이보다 먼저 마음 끌린

카프리섬

곳은 바로 카프리였다. 유람선을 타고 암석의 절경을 보는 건 상쾌하기 그지없었다. 멀리, 가까이 흰색으로 지은 아름다운 별장들의 모습, 태초의 사람들처럼 수영하는 사람들, 아름다운 요트들이 어울려 풍광이 정말 찬란했다.

여기서 나는 서른 살 무렵, 영어 공부 겸 읽었던 『더 서밍 업』에서 읽은 서머싯 몸의 말을 생각해 보기도 했다. 스무 살 나이의 몸은 피사에 갔다가 셸리가 소포클레스를 읽고 기타에 맞추어 시를 지었다는 소나무 숲속에 잠시 앉아 보기도 하고 베로나와 피렌체, 밀라노를 다녔다.

그리고 나폴리, 카프리를 발견한다. 그때, 그는 베수비오산이 보이는 하루에 4실링짜리 숙소에 머물렀다 했다. 그리고 주점에 모여 예술과 미와 문학, 로마사를 이야기하는 시인, 작곡가들

아말피 해안

의 이야기를 들으며 수줍어 끼지 못했다는 이야기가 떠올랐다. 그도 그럴 것이 그때 그는 고작 스물한 살의 신예 작가였으니까. 물론 마음으론 맹렬한 보석 같은 불길로 불타고 있었다 했지만

내가 처음 나폴리를 갔을 때는 마리나 그란데 항구도 솔라로산도 지금처럼 붐비지는 않아 산책처럼 솔라로산을 오를 수도 있었다. 카프리는 인연이 많아 세 차례 갔었는데 처음 본 카프리가 가장 아름다웠다. 나폴리, 포지타노, 소렌토, 아말피, 살레르노 등에서 쾌속정을 타고 들어오는 사람들이 갈수록 늘어 점점 더 사람들이 넘쳐나고 있다.

그리고 지상의 낙원, 사람들이 죽기 전에 꼭 봐야 할 곳이라 말하는, 버스를 타고 달리면 안개 속에 바다와 하늘 절벽이 하나로 되는 비경의 아말피, 해안을 따라 동화 속 같은 너무나 아름다운 카페들의 환상적 현재의 아름다움 사이에서 화가들이

그림을 그리고 있는 포지타노, 그리고 우리나라에 너무나 잘 알려진 타소의 고향 소렌토 등 이탈리아 남부는 어디라도 신비의 비경들이라 사람들을 끝없이 찾게 한다. 이 아름다운 이탈리아 남부는 지금은 어디라도 쾌속정이나 버스로 쉽게 오가며 행복하게 붐비는 곳이다.

카프리는 아우구스투스 황제, 티베리우스 황제의 별장이 있고 세계적 부호들의 별장이 있고, 다이애나와 찰스 황태자가 허니문을 즐기기도 한 곳이다. 또한 보들레르에 심취하고 자크 데리다에 영향을 주기도 한 발터 벤야민이 연극인 아샤 라치스를 만나 사랑에 빠지기도 한 곳이다.

### 나폴리

꿈 속으로 흐르는 쉼표

신의 숨소리가 가깝게 들려온다

여기서 슬픔까진 너무나 멀다

한 방울의 만남을 떨구고

어느 낯선 곳

나폴리를 사랑한다

또 한 번의 밤을 짜는 직녀

저녁이 오고 있다

파도가 파도 속에서 길을 찾고 있다

– 동시영 시집, 『일상의 아리아』에서

괴테는 "나폴리야말로 수백 년 동안 행복의 땅이라고 불리고 있고 나폴리 사람들은 생존을 위해 일하지 않고 생의 즐거움을 위해 일하고 노동, 그 자체에서도 생의 기쁨을 찾으려 한다 했다. 금박과 은박을 넣은 주홍색 코르셋, 치마, 울긋불긋한 전통의상으로 차려 입고 하늘과 바다의 광채 아래 자신들의 모습을 드러내려 한다"고 기록해 두었다.

또한 "하층민들도 어린아이 같은 즐거움의 표정을 가지고 있고 비유적이며 위트 가득한 언어를 구사한다 했다. 약간의 여유가 있는 사람들은 실크 스카프에, 리본, 모자에 꽃을 두르길 좋아하고 말 한 필로 끄는 마차에도, 마차에 진홍색을 칠하고 조화와 진홍색 꽃술, 금박지로 장식하고 여러 마리의 말들은 머리에 깃털 장식, 깃발까지 꽂았고 말들이 움직일 때는 그 깃발이 빙그르르 회전한다"고 기록하고 있다.

그리고 "톨레도 거리 등에 넘쳐나는 먹을 것들, 오월이면 경찰이 트럼펫 연주자를 말에 태워 공장을 돌아다니며 나폴리 시민이 소비한 황소, 송아지, 양, 돼지 등이 얼마라고 알려 주곤 하고 시민들은 그 미각의 잔치에 자신도 참여한 것을 기뻐하며 흐뭇해한다"고 했다.

비교적 흐리고 우울한 느낌의 날씨가 많은, 태양의 밝음이 적은 독일 태생인 괴테에게 이탈리아 남부는 정말로 신천지 같은 즐거움의 땅이었을 것이다. 이탈리아는 여행자에게 찬란한 문화적 유적 유물이 주는 기쁨에 사람들 자체가 주는 쾌활함과 즐거움이 어디에나 넘쳐나고 있고 특히 나폴리 등 남부는 더욱 그러하니까.

이탈리아 남부는 언제 보아도 유화 속으로 들어가 있는 듯한 신비롭고 찬란한 자연 풍경을 보여준다. 지금도 그 아름다운 신비의 경치 속, 찬란한 건물들 속에서 사람들은 저마다 멋진 차림을 하고 생기로 넘치는 삶을 노래하듯 살고 있다.

# 3부 크로아티아

*Croatia*

# 아드리아해의 진주, 두브로브니크

## 한 여름낮의 꿈, 마린 드르쥐치, 이반 군둘리치

낯섦이 처음 본 매력으로 으스대고 있을 또 하나의 땅, 두브로브니크로 간다. '어제의 몬테네그로' 부드바는 벌써 추억의 무늬로 차려입고는 새로운 길의 찬란한 배경이 되고 있다. 바다 건너에선 크로아티아의 숨은 보석, 코르출라가 매혹의 몸매로 손짓하고 있다. 동방견문록을 쓴 마르코 폴로의 생가가 있고 그 옛날 베네치아의 행정관공이 있다는 그곳이다. 마르코 폴로, 그에게 온 '먼 곳에의 유혹', 그 끝에서 만난 원나라의 쿠빌라이 칸, 항저우, 윈난, 미얀마까지……. 양저우에서는 관리도 했다는 긴 여행, 콜럼버스가 그 책을 가지고 탐험을 떠나고……. 하지만 오늘은

저 코르출라를 '지금 만나지 못하는' 아쉬움의 한 자락으로 아드리아해의 해풍에 휘날려 걸어 두기로 했다.

눈앞에 보이는 아드리아해와 이미 내 눈에 익은 바다 건너편, 이탈리아의 아말피, 베네치아, 나폴리, 소렌토 등을 마음의 배를 타고 건너 오가는 동안, 아드리아 해안 길은 너무나 아름다운 바다 풍경의 갤러리였다. 서쪽의 코르출라를 시작으로 라스토브, 믈레트, 쉬판, 닥사, 로크룸……. 수많은 섬들이 바다에 핀 꽃띠처럼 둘러 있는 공간을 넘어 어느새 에메랄드빛 파도의 숨결과 아름다움을 향한 붉은 비로드 깃발 같은 지붕들의 거기, 두브로브니크가 내게 다가와 있었다. 1980년대 말부터 유럽의 관광지 가운데 가장 좋은 평가를 받았고 자연미와 문화유산, 세계의 예술가가 모여드는 서머 페스티벌 등 문화축제, 인터테인먼트, 호텔 등 관광 인프라가 어울린 크로아티아의 자부심이며 유럽 대륙의 진정한 보석이라 일컬어지는 바로 그곳이다.

처음 만난 도시는 처음 만난 사람만큼이나 호기심과 신비감을 선물한다. 해안을 따라 암석으로 된 가파른 해안, 깊은 만, 모래 해변……. 수많은 아열대 식물들이 여름 태양의 조명 아래 그 매력을 한껏 발산하고 있었다. 그래서 사람들은 여길 지중해의 가장 세련된 오아시스, 가장 아름답고 인상적인 공간이라 말하고 있는 게 아닐까.

기쁨에 들뜬 마음과 함께 중세의 신비를 면사포처럼 쓴 성곽으로 다가갔다. 이탈리아 여행 중 가장 아름다운 공간의 하나로 기억되는보는 곳마다 시선을 잡는 중세의 골목들, 찬란한 캄포 광장이 있는, 시에나 출신 건축가 이반이 1397년에 석조 다리를 만들고 두브로브니크의 건축가 파스코예 밀리체비치가 아치를 가해 만들었다는 필레 게이트를 들어섰다. 중세의 건축물들과 그것들이 놓인 공간이 주는 시간 너머의 시간을 만지게 하는 순간이다. 금지의 땅, 과거로의 여행은 이처럼 건축물이나 또는 아주 작은 물건 등에 이르기까지의, 크고 작은 물건들에 의해 가능하다. 사람들보다 오래 사는 물건들의 능력을 타고 우리가 못 가 본 과거를 가 보는 것이다.

두브로브니크는 훈족의 위협을 받던 아드리아해 북단의 고대

로마의 도시 베네치아가 난민에 의해 혼신의 노력과 힘으로 만들어졌던 것과 유사한 역사를 가진다. 7세기, 로마 제국의 도시 에피다우로스현재의 차브타트에 살던 사람들이 아바르 민족과 슬라브 민족의 파괴에 쫓기며 살아남아 인근의 숲 지역과 조그마한 바위섬인 라우스로 스며들었다.

이들에 의해 라우스섬에 만들어진 도시는 현지 이름을 따서 라우사, 라구사, 라구시움이라 불렀다. 한편, 라구사 건너편 육지에는 지중해의 오크나무 숲이라는 의미를 가진, 두브로브니크라 불리기 시작한 크로아티아인 거주지역이 발달했다. 그 후 그들 지역의 사람들이 서로 섞이고 섬과 육지 사이가 매립되어 섬과 육지가 연결된 그 장소에 오늘날 가장 유명한 두브로브니크

플라차 스트라둔

의 거리, 플라차스트라둔가 만들어졌다. 그건 바다가 자주 범람했던 11c 말엽의 일이었다 한다.

플라차 스트라둔은 그 옛날부터 두브로브니크의 중심 거리였다. 그런 그곳에 사람들이 모여 떠나온 곳은 모두 잊고 생의 빛나는 하루를 이 아름다운 공간에서 만들고 있다. 마주하는 상가들에는 가까운 크로아티아 도시나 이탈리아에서 오거나 또는 인도 등 멀고 먼 곳에서 온 물건들이 새로운 만남을 기다리고 있었다. 석조로 된 바로크식 건물이 우아하게 마주 보고 선 플라차 스트라둔을 걷는 사람들의 표정은 행복 바로 그것이었다.

두브로브니크는 아드리아해와 지중해의 동쪽 지역과 서쪽 지역의 동양과 서양의 해상 무역 연결통로며 그 하나의 중심이다. 해양 산업과 무역의 중요 지역으로의 운명을 타고난 두브로브니크는 오늘도 찬란함에 잔뜩 취한 듯 너무나 아름답다. 1925년 노벨문학상 수상자인 아일랜드의 극작가, 소설가 조지 버나드 쇼는 1929년에 이곳을 방문하고는 '만약 지상의 낙원을 보고 싶다면 두브로브니크로 오라' 했다.

바이런은 두브로브니크를 '아드리아해의 진주'라 했으며 로버트 카플란은 '영광스러운 불사조 도시 두브로브니크'라 했다. 또한 1991년 유고 내전 당시엔 연방으로부터 독립하려는 크로아티아를 저지하기 위해, 8개월이나 계속된 세르비아 폭격에 맞서 프랑스 작가 장 도르메송 등 유럽의 지성인들과 부호들은 유네스코 세계유산인 이 아름다운 도시를 더 이상 파괴하지 말라며 인간 방패를 자처하기도 했다.

1153년 아랍 출신 작가 알 이드리시는 두브로브니크를 크로아티아 남쪽에 위치한, 멀리 항해하는 많은 배를 가진 도시로 소개하기도 했다. 12c 말엔 피사 이스탄불, 라베나 모노폴리, 이웃한 몬테네그로의 아름다운 해안 도시 코토르, 보스니아 세르비아 등과의 중개 무역 협정을 하는 등 발칸반도의 무역 중심지였다. 14~15c에는 이집트 시리아, 스페인 아라고니아, 프랑스까지 무역을 확대했고 초강대국으로 지중해 지역 국가들을 지배하던 투르크 제국과도 자유무역을 했다. 그러나 인간의 자유와 존엄성을 파는 노예무역은 하지 않았다 한다.

두브로브니크 공화국 최고의 자리엔 렉토르렉터라 부르는 영주가 있었다. 그들은 단지 한 달만 재임하는데, 위원회의 모든 위원들은 그와 같은 권리를 가지고 있었다. 그들은 허세를 부리지 않았으며 집을 떠나 렉터 궁에 머물며 집무를 했다. 렉터들은 집무실이 '금박을 입힌 감옥' 같다며 집무 수행의 어려움을 토로했다 한다. 그리고 대성당의 보물 관리의 완벽을 위해 창고 열쇠도 세 명이 나누어 보관하기도 했다.

또한 그들은 수세기의 경험을 통해 너무나 강력한 투르크 제국과 베네치아 위협과 견제 등 복잡한 대외적 환경 속에서도 뛰어난 외교술을 만들어 냈고 이는 오늘날 외교 기술 연구를 위한 대상이 되기도 한다. 두브로브니크의 외교술은 외교의 예술로까지 평가되고 있다.

해상무역을 통한 부와 예술적 외교를 통해 비교적 안정된 평화를 오랫동안 지속해 온 두브로브니크는 찬란한 문학의 발전을 가져왔다. 15c의 카를로 부치치, 1485년 로마에서 월계관을 쓴 일리야 츠리예비치, 희극 작가 니콜라 날레슈코비치 등 다양한 장르의 문학이 피어났다.

16c 중엽의 작가 마린 드르쥐치Marin Drzic, 1508~1567는 그 대표적 인물이다. 그의 작품은 당시 유럽 전역의 희곡 문학 분야에서 경쟁자가 없을 정도였다는 찬사를 받기도 한다. 특히 코미디 장르가 매우 빛나는 작가다. 그의 희곡은 서유럽 전역에 공연되기도 했다.

마린 드르쥐치 동상

이곳의 최고 통치자 렉터의 집무실이 있는 렉터 궁전 앞에 있는 마린 드르쥐치 좌상 앞에서 걸음을 멈췄다. 좌상의 코를 만지면 행운을 만날 수 있다는 속설 때문에 좌상의 코는 사람들 손에 닳아 반짝이고 있었다. 2012년부터 시작한 두브로브니크 셰익스피어 페스티벌에선 그의 희곡 『구두쇠』가 셰익스피어의 『한여름 밤의 꿈』, 세르반테스의 『돈키호테』와 함께 공연된다고 한다. 렉터 궁전 건물 외벽엔 셰익스피어의 『한여름 밤의 꿈』 포스터가 휘날리고 있었다.

그는 이탈리아 시에나에서 공부했다. 따뜻하면서 다소 반항적 기질의 성격이었다. 고향 두브로브니크의 성직자 생활을 하기도 했던 그는 이탈리아에서의 교육과, 비엔나 콘스탄티노플, 세르비아, 불가리아 등에서 많은 경험을 쌓아 40~50대엔 대표작

이반 군둘리치 동상

들을 쏟아 낸다. 그의 작품들은 르네상스 시대 두브로브니크의 실생활을 역동적으로 조명한 유럽 코미디 장르의 백미로 일컬어지기도 한다. 두브로브니크와 이탈리아 제작의 2006년 작 영화 〈리베르〉에서는 로맨스적인 그의 삶을 다루기도 했다.

또한 역사와 로맨스로 짜인 스무 개의 서사시 『오스만』으로 빛나는 크로아티아의 대표적 시인 이반 군둘리치Ivan Gundulic, 1589~1638는 서사시 문학의 금자탑을 쌓아 올렸다. 평민 출신인 마린 드르쥐치와 달리 그는 귀족 출신이었다.

그의 동상을 군둘리치 광장에서 만났다. 이 광장은 낮에는 야채, 과일 등을 파는 시장이지만 여름축제 때는 다양한 공연이 열리는 오픈 극장이 된다. 관광객들의 발걸음이 붐비는 그 위로 이반 군둘리치의 동상이 우뚝 서 있다. 1892년 크로아티아의 조각가, 이반 렌디치의 작품으로, 그를 사랑하는 두브로브니크인들이 세운 것이다.

동상 받침대에 서사시『오스만』의 일부가 시 내용의 장면들과 함께 양각으로 장식되어 있었다. 서쪽엔『오스만』의 여덟 번째 노래, '노인 류비드라그가 두브로브니크에 관해 명상하는 장면'이, 남쪽엔 11번째 노래인 '기독교 군대를 축복하는 성직자 블라쥬의 모습'이 새겨져 있다. 그리고 동쪽엔 '여주인공 순차니차를 술탄의 하렘으로 데리고 가는 장면', 북쪽엔 '투르크인을 물리친 승리자의 모습으로 블라디슬라브왕'을 새겨 놓고 있다. 한편, 그의「자유」라는 시는 야코프 고토바츠가 작곡해 두브로브니크 서머 페스티벌에 메인 음악으로 쓰인다. 매년 오프닝 행사 깃발이 올라가는 순간에 이 음악을 연주한다.

그리고『오스만』은 작가의 고향 두브로브니크를 남슬라브의 아테네로 불리게 한다. 이는 이탈리아의 타소가 쓴「해방된 예루살렘」에서 영감을 받아 쓴 것이다. 그리고 타소의 십자군과 무슬림의 전쟁 이야기인「해방된 예루살렘」은 호머와 베르길리우스의 고전 서사시에서 영향을 받은 요새 전쟁 이야기다. 그리스의 호머의 영향은 이탈리아의 타소를 넘어 두브로브니크의 이반 군둘리치에게로 흘러간 것이다.

호머의 영향은 어찌 타소와 타소를 통한 호머의 영향을 받은 이반 군둘리치에게뿐이겠는가. 아일랜드의 윌리엄 버틀러 예이츠의 작품에도 그의 영향은 실로 지대했었다. 영국의 극작가 채프만의 번역으로 호머의 시를 읽고 쓴 키츠의 그 유명한 시 「채프만의 호머를 처음 들었을 때」에서도 호머의 영향과 그 경탄의 울림은 실로 대단하다. 키츠는 그 시 속에서, 하늘 관찰자의 눈앞으로 새 행성 하나가 헤엄쳐 오는 것과 같고 개척자 코테즈가 독수리눈을 뜨고 다리엔의 산꼭대기에 올라 부하들은 멍한 눈으로 서로 바라보는데 홀로 조용히 태평양을 바라보는 것 같다고 하지 않았던가. 그리스 로마 고전을 동경한 그에겐 이런 감동은 자연스러운 현상일 수도 있다.

키츠는 당시, 그리스 문화를 이어받아 세계 문화의 중심이 된 로마로 달려가 스페인 계단 옆지금은 키츠, 셸리 집 박물관이 됨에 머물면서 그 찬란한 예술의 향기를 받아들였고 거기서 생을 마감하기도 한다. 그의 시 「그리스 항아리에 부치는 노래」에서도 그리스에 대한 동경은 짙게 드러난다. 그 시에서 키츠는 '아름다움이야말로 참이요, 참이야말로 아름다움'이라 노래했다. 그에게 예술적 아름다움과 참은 그리스적인 아름다움이요, 참, 그것이었을 것이다. 더 직접적인 것은 그에게의 호머의 시가 그러했을 것이다.

이 아름다운 아드리아 해안 두브로브니크에서 중세의 이탈리아 또는 두브로브니크인들이 건축한 찬란한 건축미의 공간을 탐미하는 시간은 현실 속의 꿈일 수밖에 없다. 인류 문화가 나

아갈 찬란한 표석을 보여 준 그리스 문화, 그리고 호머의 흔적을 이반 군둘리치에게서 다시 느껴 보는 것은 더없는 즐거움이다. 그들의 나지막한 대화가 들려오는 듯하다.

두 작가를 매우 자랑스러워하는 현지인들과의 즐거운 대화가 남긴 여운 속에서, 오후의 태양 아래 빛나는 아드리아해의 유람선을 탔다. 그때, 로마에 가서 「타소」를 쓰기도 한 괴테가 로마로 가던 중 베네치아에 들러 곤돌라를 탄 이야기가 떠올랐다. 타소 시를 낭송하는 두 명의 낭송가 사이를 시적 감흥에 젖어 거닐던 괴테가 물결 위에 오버랩 되고 있었다.

# 4부 루마니아

# 브란성과 소설 『드라큘라』

때론 과거가 우리의 현재를 강력하게 간섭한다. 저항할 수 없는 완벽한 힘을 가진다. 그리고 거기에 안개 짙은 애매모호성이 더해지면 더욱 그러하다. 이는 사람들의 관심을 크게 얻게 된다. 이에 호기심의 불이 붙기 시작하면 그 불을 끄기는 매우 어렵다. 루마니아 브란성Bran Castle 이 바로 그런 곳이다.

브란성에 도착했을 때, 이미 많은 사람들이 줄지어 서서 브란성에 들어가기를 기다리고 있었다. 그들은 무서워지고 싶어 하는, 호기심 가득한 마음으로 줄지어 있었다. 마치 괴기 영화를 보기 위해 줄지어 있는 사람들처럼 즐거운 무서움을 기대하는 얼굴들이었다. 거기 서 있는 누구라도 드라큘라를 모르는 사람은 아무도 없을 것이고, 그에 어울리는 '어떤 것'이 기다릴까에 잔뜩 긴장하고 싶어 하는 듯했다.

브란성

입구에 들어서자 먼저, 가이드북을 사 들고 계단으로 이어지는 성을 오르며 바위 위에 놓인 성벽을 바라보았다. 가끔씩 보이는 돌 틈의 이름 모를 들꽃이 늦봄의 향기를 한껏 모으고 있었다. 그리고 점점 가까워지는 드라큘라성은 아름답기만 했다. 미로 같은 입구를 지나, 나의 최대 관심 대상인 『드라큘라』의 작가, 브람 스토커Bram Stoker의 방을 둘러보았다.

안내 책은 브란성과 드라큘라 전설의 연결에 대한 이해를 돕기 위해 이 방을 설치해 놓았다고 설명하고 있었다. 물론 거기엔, 소설 『드라큘라』의 모델이 된 블라드 체페슈의, 매우 차가운 느낌의 모습이 걸려 있었다. 그와 함께 소설가 브람 스토커의 짧

블라드 체페슈

은 이야기, 루마니아의 고스트 뱀파이어에 대한 것 등이 있었다.

이와 아울러 무기의 방들엔 소설과 관련해 특별한 의미를 생산할 수 있는 무기, 투구들, 꼬챙이 등을 전시해 두고 있었다. 거기엔 트란실바니아와 왈라키아에서 온 것과 후대의 것들이 나란히 전시되어 있었다. 이들은 소설의 모델이 된 블라드 체페슈 시절, 오스만 투르크와 헝가리의 침략 등 외세로부터 괴롭힘을 수없이 당했던 때의 자국, 자민족 보존이 얼마나 어려웠는가를 말해 주는 듯했다. 또한 당시 유럽, 이 일대 지역은 매우 위험하고 일면 잔인한 사회이기도 했다는 이야기들을 다시 한번 상기시키기에 충분했다.

블라드 체페슈는 오스만 투르크 지배하인, 15세기의 루마니아 옛 왕국 중 하나인 왈라키아 왕국의 왕자로 태어났다. 어린 시절 터키에 볼모로 잡혀갔다 풀려나긴 하나 다시 헝가리 제국에 볼모로 잡혀간다. 그 같은 수모 후, 왈라키아 왕국으로 돌아와 터키와 헝가리에 저항하여 전공을 세운다. 그리고 잡혀 온 포로들에게 장대를 깎아 항문에서 꽂아 입으로 나오게 하는 잔혹한 처형을 하고 때론 가시 박힌 큰 바퀴가 사람 몸을 지나가 구멍을 뚫게 하는 잔인한 방법의 형을 가하기도 했다.

당시 이 일대의 크고 작은 나라를 침입, 위협하던 오스만의 황제가 진군하다가 수만 명이 꼬챙이에 꿰어 죽어 가는 모습을 보고 두려워 되돌아갔다는 이야기도 현재 남아 있다. 체페슈는 루마니아어로 꼬챙이란 뜻이며 그가 한 형벌 때문에 체페슈로 불리게 되었다 한다. 또한 그는 범법하는 내국인에게도 가차 없는 형벌을 가했고 언제나 민중 편이었다 한다.

한편, 그는 오늘날 루마니아인들에겐 오스만 투르크의 군대를 물리친 영웅으로 일컬어진다. 또한 체페슈는 '드라큘라'라는 이름도 가지고 있었는데 전쟁 때 쓴 문장이 용의 그림이었기 때문에 이 이름을 쓰게 되었다. 그뿐 아니라 체페슈의 아버지가 헝가리의 지그문트 2세에게서 용이란 작위를 받아 이를 자신의 이름에 붙여 '블라드 드라큘'이라 했고 그의 아들인 블라드 체페슈는 루마니아어로 누구누구의 아들이란 뜻의 '(e)a'를 붙여 '블라드 드라큘라'라 불리게 되었다. 그러나 그가 드라큘라의 성이라고 알려진 브란성을 다스린 기록은 찾을 수 없다.

한편, 1972년 플로레스쿠와 레이먼드 교수가 『드라큘라를 찾아서』란 책을 발표하기도 했고 영국 작가 마이 트로우도 『실제 드라큘라를 찾아서』란 책을 출판했는데 그 책들에서는 모두 소설 『드라큘라』는 그를 모델로 한 것이라 했다.

그리고 『드라큘라』를 쓴 아일랜드의 작가 브람 스토커는 헝가리 민속학자 미니어스 뱀버리를 통해 '드라큘라'라는 이름과 관련 이야기를 알게 되었다. 이와 관련한 흡혈귀 전설은 고대로부터 있어 왔고 그 중심은 세르비아, 체코, 슬로바키아, 헝가리 등 동유럽이라 한다. 18세기 베네딕트회, 오귀스탄 카르메의 『유령개론』에는 흡혈귀에 관한 많은 자료가 있다고 한다. 그리고 괴테, 고골 등도 이 계열 소설을 쓰기도 했다.

소설 『드라큘라』가 영화화하여 성공을 거두자 1950년, 미국 조사단이 루마니아에 들어가 조사했으나 소설 속 드라큘라 성은 발견하지 못했다. 다만, 이곳 브란성이 영화에서와 비슷하다 하여 루마니아 정부가 브란성을 드라큘라 성으로 지목했다고 한다. 그리고 소설가 브람 스토커는 한 번도 루마니아를 방문한 적이 없었고 다만 소설의 모델이 된 블라드가 이 성에 몇 번 들렀다는 설이 있는 정도라 한다.

브람 스토커의 방을 돌아 나오며 안내 책자에 쓰인 브람 스토커의 소설 『드라큘라』에서의 말을 읽어 보았다. 거기엔, '세계

메인 타워로 들어가는 계단

의, 알려진 미신적인 것은 상상력의 소용돌이 같은 키르파티아 사람의 편자 안으로 모여든다'라 쓰여 있었다. 그리고 다음 페이지에서는, 아일랜드의 작가 브람 스토커가 쓴 드라큘라는 카르파티아 산 가운데 있는 성에 살았던 뱀파이어의 스토리에서 상상하여 1897년에 쓰인 소설이라는 내용을 읽을 수 있었다.

이어서 메인 타워로 들어가는 계단의 사진과 함께 브람 스토커의 드라큘라라는 제목 아래, 이 소설은 거듭 출판되었고 많은 언어로 번역, 연극, 영화 등 드라큘라 캐릭터는 오늘날까지도 세계인이 즐기는 캐릭터가 된 것을 설명하고 있었다.

스토커의 소설, 『드라큘라』는 흡혈귀 소설의 근원이 되고 장르와 국경을 넘나들며 지속적으로 새롭게 만들어진다. 1927년 H. 딘에 의해 연극 공연, 영화로는 1931년, 미국 토드 브라우닝 감독, 1958년 영국 테렌스 피셔 감독 등으로 이어진다. 1992년 프랜시스 F. 코폴라 감독의 영화에서는 드라큘라를 긍정적, 동정적으로 묘사하기도 했다. 소설 『드라큘라』는 이처럼, 지금 이 순간에도 전 세계에서 끝나지 않는 다시 쓰기로 새롭게 탄생하고 있다.

우리나라에서도 뮤지컬 드라큘라, 뮤직비디오 등으로까지 끝없이 만들어지고 있다. 이처럼 드라큘라는 현실에 없는 괴기 영역으로의 도피, 그 속에서 특별한 즐거움을 생산하고 즐기려는 사람들에 의해 탄생되고 향수되는 흡혈, 괴기 계열 예술의 원류가 되고 있다. 드라큘라는 오늘날 전 세계에서 '진정 죽지 않는', '영원히 살아 있는' 유령이 되었다.

브란성은 1378~1380년경에 지어지기 시작했고 지금 브란성의 나이는 약 639세라 했다. 브란성은 돌 하나에 하나를 더하고 건축을 위한 한 걸음에 한 걸음을 더해 지어져 오늘에 이르렀고 건축 양식 또한 다양할 수밖에 없다. 따라서 브란성, 그 안엔 수없이 많은 건축 양식이 살고 있는 것이다. 또한 그 안에 담긴 셀 수 없는 이야기들은 지금도 계속 쓰이고 있다.

브란성은 바라볼수록, 드라큘라성이라 불리기엔 너무나도 동화적이고 아기자기한 아름다운 모습을 가지고 있었다. 라운드

난간과 우물

타워, 게이트 타워, 동쪽 타워 등 외양이 아름다울 뿐 아니라 내부에 있는 좁은 복도를 따라 이어지는 곡선의 난간들, 그 난간에서 내다보는 멀고 가까운 경치와 창 너머로 보이는 풍경들은 더할 나위 없이 아름다웠다.

내부, 1층은 퀸 마리의 공간, 2층은 킹 페르디난트 1세의 공간으로, 3층은 음악, 도서관 등, 4층은 마리의 아들을 위한 공간으로 이루어져 있었다. 그리고 이들과 아울러, 브란성과 관련한 이야기들을 내용으로 하는 영상물을 볼 수 있는 스크린 룸도 마련되어 있었다.

전설과 소설, 역사적 실제 인물 그리고 아름다운 성이 어우러져 이루어 낸 관광 스토리텔링은 오늘날 루마니아에서 관광 수입을 가장 많이 올리는 관광 상품 중 하나인, '드라큘라의 브란성'을 만들어 냈다. 이는, 관광객들에게 다소 실망감을 안겨 주는 독일 하이네의 시와 관련한 로렐라이 언덕, 벨기에의 전설과 관련한 오줌싸개 동상, 덴마크의 안데르센 동화와 관련한 인어공주를 연상하게 했지만 그들과는 또 다른 의미를 주는 관광 스토리텔링 상품이라는 생각을 해 보았다. 관광은 공간, 시간, 이동이 주는 현실의 결핍 채우기이며 브란성은 그뿐 아니라 현실에 없는 괴기 문학이 주는 색다른 즐거움을 그림자 포장지로 깊게 드리운, 재미있는 관광지다.

브란성 관람을 마치고 나오자, 변함없이 많은 사람들이 잔뜩 기대 어린 표정을 하고 브란성으로 계속 들어가고 있었다. 소설의 주인공 캐릭터 창조에 영향을 준 역사적 인물, 블라드 체페슈는 국가적 어려움을 지키는 영웅이었고 지금은, 관광 수입 창출로 루마니아에 국익을 주는 인물이 된 것이다. 바위 계단을 따라 내려온 브란성 입구에서는 예쁜 기념품들 그리고 수놓은 루마니아 전통의상들을 팔고 있었다. 어느 루마니아 여인이 정성 들여 수놓아 새겼을 전통의상을 하나 샀다. 그리고 그 위에, 나의 루마니아 여행을, 마음속으로 하나씩 수놓아 보았다.

# 5부 러시아

*Russia*

# 푸시킨과
# 모스크바,
# 상트페테르부르크

## 짧은 삶과 영원한 예술

내게로 온 어느 여름날, 모스크바와 상트페테르부르크에 대한 오랜 그리움으로 그들의 문을 열었다. 내 마음속 그리움이 그곳으로의 여행을 오래 기다렸을 것이다. 시베리아의 거친 자연과 황량한 벌판, 흰 다리의 자작나무들, 그리고 들꽃들은 그곳으로 가는 겹겹의 문이었다. 어떤 장소에 대해 그리움을 가지는 이유는 다양하다. 내게 있어 러시아에 대한 그리움은 물론, 그곳에서 태어난 내가 좋아하는 시인, 소설가가 있고 그들의 작품들이 있어 그러하다. 그리고 그 문학작품들과 관련한 음악, 발레, 영화 등 예술이 있어 그러하다. 그뿐 아니라 기호학을 공부하면서

접했던 러시아 형식주의 이론가들의 이론들 때문이기도 하고 ……. 그래서 처음에 다음을 다시 더하는 러시아와의 만남이 있어 왔다.

푸시킨의 시를 만난 것은 너무 어린 시절이었다. 물론 그가 여러 가지 현실적 어려움에 처해 있던 상트페테르부르크 시절 1925년에 쓰인 그의 시, 「삶이 그대를 속일지라도」가 첫 만남이었다.

> "삶이 그대를 속일지라도/ 슬퍼하거나 노하지 말라/ 슬픈 날엔 참고 견디라/ 즐거운 날은 오고야 말리니/ 마음은 미래에 사는 것/ 현재는 언제나 우울한 것/ 모든 건 한없이 지나가고/ 지나가 버린 건 그리움이 되리니"

이 시를 내가 처음 만났을 때는 삶의 어려움도 모르고 또한 그리움의 거리도 그리 멀지 않았을 때였다. 그러나 깊은 울림과 끌림을 주는 그의 시가 가진 힘을 충분히 느낄 수 있었다. 그의 문학을 사랑하는 이들은 끝없이 있어, 요즘은 우리나라의 성악가들이 부른 〈삶이 그대를 속일지라도〉를 들을 수 있다.

나도 내가 가사를 쓴 〈그대 미소 속에 달빛 녹는데〉를 너무나 감미롭게 부른, 바리톤 송기창의 목소리로 가끔 듣곤 한다. 러시아의 봄, 그리고 러시아의 아침이라 일컬어지는 푸시킨을, 그가 태어난 러시아에서 처음 만난 곳은 상트페테르부르크 차르스코예 셀로의 리체이였다. 리체이를 가는 길에 몇몇 러시아 사람들과 대화를 해 보았다. 푸시킨 생가에서 그들이 가장 사랑하는 러시아 시인, 소설가는 바로 푸시킨이라는 걸 다시 한 번 확인할 수 있었다. 그들이 가장 사랑하는 이는 톨스토이도 도스토옙스키도 체호프도 아니었다. 많은 사람들이 말해 온 바와 같이 그는 그야말로 러시아의 국민시인이었다.

그는 1799년 5월 26일에 태어났다. 선조들이 가진 에티오피아의 혈통을 타고 러시아의 귀족 신분으로의 탄생이었다. 그래서 백인들 얼굴과는 다른 모습의, 곱슬머리를 가진 그였다. 1811년에 신설 상류 귀족 학교인 리체이에 입학했다. 그리고 1815년 리체이 진급 시험에서 그의 송시 「차르스코예 셀로의 회상」을 낭독하고 극찬을 받는다. "저 멀리 회색빛 안개에 물들고/ 고요한 적막이 골짜기 숲에 내려앉을 때/ 나뭇잎에 잠든 산들바람이 숨을 내쉰다/ 어여쁜 백조 같은 말 없는 달빛이/ 은빛 구름 속을 떠다닌다"로 시작하는 시는 러시아를 여행하면서 내가 본 그 느낌 그대로의 자연 속에서부터 시작한다. 다음 해엔 '당시 러시아 시단의 중심적 시인이었던 큰 아버지' 바실리 푸시킨과 카람진, 뱌젬스키 공작이 리체이에 와서 푸시킨을 만난다.

그는 1817년에 리체이를 졸업한다. 리체이는 황제가 특별 보호와 지원을 하는 대학 수준 학교였고 교수진이 당대의 최고 유명인들로 구성되었었다 한다. 진갈색 책상과 의자들이 놓여 있

푸시킨 생가

는 강의실, 피아노……. 그중, 내게 특별히 관심을 가지게 한 것은 그의 방이었다. 14번째 그의 방엔 작은 침대와 책상 그리고 세면대 등이 가지런히 놓여 있었다. 200여 년 전의 그가 살던 공간은 크지 않았지만 그 공간이 내게 주는 느낌은 내 마음의 공간들을 다 울리고도 남았다. 그가 쓰다 간 공간과 물건들은 그의 짧은 삶 중 결코 짧지 않은, 어리고도 순수한 번쩍이는 천재의 영감이 서린, 예술이 싹튼 순간들을 말해 주고 있었다.

또한 한쪽 코너에는 푸시킨이 그린 그림들이 전시되어 있었다. 그는 문학뿐 아니라 그림, 음악에도 재능이 있었다. 그는 그의 극시 대사를 음악으로 즐겨 바꾸어 놓곤 했다.

내가 찾았던 그 많은 예술가들의 공간처럼 리체이도 주인 없는 공간이 주는 쓸쓸함이 가득 서려 있었다. 그의 공간이 주는 여운을 걸어 나와 공원을 향해 걸었다. 아름다운 꽃들과 나무들의 향기로 가득한 길목 한쪽에 푸시킨의 동상이 벤치에 비스듬히 앉아 있었다. 그의 시나 물건, 동상, 공간들을 만날 때마다 먼저 느끼는 것은 극치의 예술적 아름다움과 함께 울리는 진한 슬픔이다. 이는 아마도 그가 지닌 천재적 재능과 그와 그의 예술이 놓인 현실 사이의 너무 큰 갈등의 깊이 때문일지도 모를 일이다.

그는 리체이를 졸업하고 페테르부르크 외무성 10등관에 임명됐다. 1819년 청년 혁명단체 데카브리스트 외곽 단체 '녹색 등잔'에 참여한다. 1820년엔 전제정치를 공격하는 그의 혁명적 시들로 하여 페테르부르크 총독에게 소환되고, 그해 5월, 남부 러시아 예카테리노슬라프로 추방된다. 미하일로프스코에로 유형을 가고, 모스크바로 소환……. 그의 삶은 사회적 제도가 주는 억압에 크게 시달리게 된다.

푸코가 말하는 거대 감옥 중에서도 감옥에 처하고 사회가 주는 폭력의 역사에 크게 노출된다. 천재적 예술가에겐 너무나 치명적인 환경 속에서도 오데사에서 쓰기 시작한 그 유명한 운문소설『예브게니 오네긴』제1장을 드디어 완성한다. 어려움에 시달리면서도 그의 작품들은 계속 쓰이고, 1828년 12월 그의 나이 스물아홉에 무도회에서, 너무나 아름다운 나탈리아 곤차로바를 만난다.

다음 해에 그녀와 결혼을 하고 싶어 하지만 거절당하고 1830

년 서른한 살에 약혼을 하고 서른두 살인 1831년 2월 18일, 그토록 원했던 나탈리아와 운명적인 결혼을 한다. 그리고 서른세 살, 1832년엔 『예브게니 오네긴』 전편을 완성한다.

푸시킨의 흔적을 만난 또 하나의 장소는 모스크바의 아르바트 거리였다. 사람들이 가득 모여 즐거움을 만끽하는 우리나라의 인사동 닮은 문화의 거리에 그의 신혼 삶이 깃들어 있었다. 결혼한 1831년 2월부터 불과 몇 개월의 짧은 기간 동안 살았던, 지금은 박물관이 된 집이다.

벽면엔 그의 얼굴이 찍혀 있었고 살았던 때를 기록해 두었다. 아름다운 푸른빛의 박물관 맞은편에 그들의 동상이 서 있었다. 화려한 모습을 뽐내는 아내의 뒤편에 서 있는 푸시킨의 모습이 왠지 힘겨워 보였다. 그들 동상의 오른쪽 손은 잡고 있는 듯하지만 자세히 보면 약간의 틈을 두고 떨어져 있었다. 함께 살면

푸시킨과 나탈리아 곤차로바 동상

아르바트 거리의
푸시킨 박물관 벽면 캐리커처

서 결혼이 주는 행복을 함께하지 못한 두 사람의 생을, 슬픔을, 말하는 입술처럼 벌어진 그 틈은 바람 속에서 가늘게 떨리고 있었다. 박물관 내부는 비교적 화려했고 푸시킨과 그의 너무나 아름다운 어린 부인 나탈리아 곤차로바의 사진, 그가 쓰던 물건들이 전시되어 있었다.

그는 외무성을 거쳐 궁정 시종보에 임명되고 그의 작품은 모두 황제의 검열을 받아야 했다. 사직서를 내지만 되돌려지고 사람들의 말에 의하면 아내의 사치 때문이었다 하는 거액의 부채 때문에 1835년 3만 루블을 대출 받기도 한다. 사교계에서 황제를 포함한 인사들에게 아내의 인기는 점점 높아지고 나탈리아 언니의 남편인 단테스와의 추문이 나돌았다. 그것을 전하는 익명의 편지가 푸시킨에게 날아들고……. 결국 1837년 2월 7일 단테스에게 결투를 신청하고 8일 오후 결투장으로 간다. 결투장으로 가기 직전 푸시킨이 들렀던 넵스키 대로에 있는 문학카페를 찾았다.

1816년에 오픈했다는 카페 안엔 그의 좌상이 놓여 있었다. 거기에 들어서는 순간 그의 「삶이 그대를 속일지라도」, 그 많은 사랑의 시들, 『예브게니 오네긴』, 『벨킨 이야기』, 『비밀일기』의 그가 이 카페가 있는 넵스키 대로를 산책하는 전후의 이야기와 그 끝 대목들이 떠올랐다. 『비밀일기』는 너무나 적나라한, 놀랍기도 했던 그의 사생활이 비밀스럽게 기록되었고, 한편, 그가 쓴 일기가 아니라는 설도 있긴 하지만 거기엔 단테스와의 사창가에서의 운명적인 만남 등 결투를 가져올 만한 그의 사생활이 낱낱이 기록되어 있었다.

조용한 문학카페에서 한잔의 차를 마시면서 그날 그때 여기서의 그의 심정은 어떠했을까를 잠시 생각해 보았다. 물론, 예상할 수 있는 대로 친위대 소속이었던 단테스와의 결투에서 푸시킨은 복부에 중상을 입고 이틀 후인 10일 너무나 안타깝게도 생을 마감한다. 그 이후 단테스와 그의 아내는 프랑스로 가고 단테스는 그로 인해 프랑스에서 오히려 정치적 성공을 거두기도 했고 푸시킨의 아내는 늙은 군인, 표트르 란스코이와 재혼하게 된다.

그의 서정소설 『예브게니 오네긴』은 1820~1930년 그 시대의 러시아 귀족들 생활의 백과사전이라 일컬어진다. 그리고 페트라르카와 단테의 소네트, 셰익스피어, 괴테 등 유럽 소테트의 창조적 수용으로 일컬어진다. 그의 말을 따라가다 보면 번쩍이는 영감의 문장과 정교하고 엄격한 운율의 매혹을 만나게 된다. 이를 읽은 사람들은 '그의 문장들은 러시아어를 배우고 싶은 충동을 느끼게 한다'고 말하기도 한다.

이 소설 속 타티아나는 오네긴을 보고 사랑을 느끼고 사랑의

푸시킨 동상

편지를 쓴다. 삶에 권태를 느끼고 있던 오네긴은 그를 거절한다. 한편, 오네긴은 타티아나의 동생 올가에게 접근해 그의 남자친구인 시인 렌스키를 자극, 결투 신청을 받게 되고 이를 받아들여 렌스키를 죽이고 마을을 떠난다. 2년 후 다시 돌아와 사교계의 여왕이 된 타티아나에게 사랑을 고백하나 그녀는 결혼한 여인이라는 이유로 그를 거절한다.

이 서정소설의 이야기는 푸시킨의 결투와 생의 마감과 함께 예언적 그림자를 짙게 드리우고 있다. 도스토옙스키는, '푸시킨은 예언적인 현상이다. 그의 등장에는 우리 러시아인 모두에게 지극히 예언적인 무엇이 담겨 있다'고 했다. 자매 사이인 두 여인의 남자들이 결투하게 되고 결국 자기의 여인에게 추파를 던진 상대에게 결투를 신청하고 생을 마감하게 되는 그대로의 일치를 가진다. 그리고 한편, 실제 생활 속에서 푸시킨은 무도회에서 만난 여인 때문에 처음으로, 그 후로도 몇 번이나 결투를 신청하곤 했었다 한다.

이를 차이콥스키는 3막 오페라로 만들었고 타티아나가 오네긴에게 첫눈에 반해 러브레터를 쓰는 장면의 오페라는 몇몇 다른 아리아와 함께 너무나 유명하다. 그 후, 독일 슈투트가르트 발레단의 오리지널 레퍼토리가 된다. 3막 시작과 함께 연주되는 〈폴로네이즈〉 또한 너무나 많은 사람들이 사랑한다. 차이콥스키의 마제타, 스페이드 여왕, 무소륵스키, 라흐마니노프 등의 선율로 울려 퍼진다.

『벨킨 이야기』의 하나인 「눈보라」는 눈보라 때문에 길이 엇갈려 이룰 수 없는 슬픈 사랑 이야기다. 푸시킨 탄생 200주년 때 스비리도프가 〈눈보라〉를 작곡하고 그중, 〈올드 로망스〉는 영화 〈올드 로망스〉의 배경 음악이 되었다. 이는 또 볼쇼이 아이스 발레단의 전문 레퍼토리가 된다. 김연아가 선수 시절 아이스링크에서 쓰기도 했고, 겨울날 특히 눈 오는 날이면 그 애잔한 바이올린, 첼로 등의 반복되는 선율을 듣지 않을 수가 없다. 푸시킨은 영원 속에서 그를 사랑하는 사람들과 언제나 함께할 것이다.

# 6부 타히티

*Tahiti*

# 『달과 6펜스』와 타히티, 티아레 향기

타히티 누이를 타고 다시 티아레 향기를 탔다. 순백의 꽃빛과 달콤하고 신비론 향에서는 마음에 스미는 향기의 실내악이 흘러나오고 있었다. 비행기를 타자 승무원이 건넨 티아레는 꽃으로 여는 타히티의 문이었다. 그건 달처럼 신비론, 서머싯 몸이 소설로 말한 『달과 6펜스』의 바로 그, 달의 향기는 아닐까. 아니면, 사람들이 말하는 꿈의 향기는 아닐까. 티아레 향기는 달의 흰빛 위를 나는 구름처럼 나타났다 사라지곤 하면서, 가까이 또는 멀리에 있는 향기의 거리 위를 거닐고 있었다.

그때 타히티의 화가 고갱의 '타히티 생활에 대한 책' 『노아노아』가 생각났다. 그는 아버지를 따라 페루에 갔었고 열일곱 살에 선원이 되어 크고 작은 아름다운 섬들을 항해했으며 증권사에서 일하게 된다. 그리고 아마추어 화가가 된다. 증권사 일과

화가 사이를 오가던 고갱은 현실 생활의 극에 있는 증권사를 그만두고 화가가 될 것을 결심한다.

1891년 6월 현실적인 모든 것, 심지어 아내와 가족도 떨치고 고독과 예술적 자유를 찾아 타히티에 갔다. 그러나 1893년, 거기에서도 만난 '현실적 어려움'으로 파리로 돌아갔다. 그리고는 1895년 6월 다시 타히티로 출발한다. 떠나기 전 '타히티에 대한 글을 쓰겠다' 했고 그 책이 바로 『노아노아』다. '노아노아'는 타히티어로 향기라는 뜻이다. 고갱의 예술적 후각을 자극한 타히티의 향기는 어떤 것이었을까. 아마도, 티히티 누이 안에서 타는 또 한 겹의 탈 것, 티아레 향기였을지도 모를 일이다.

그때 그는 다시 타히티로 가는 이유를 '원초적이며 순박한 타히티 사람들에 매료되어 간다' 했고, 또한 '새로운 것을 이루려면 근원으로, 어린 시절로 돌아가야 한다'고 했다. 중국 식료품 가게에서 그림과 식품을 바꾸고 그 그림은 물건을 팔 때 포장지로 쓰이기도 했다는, 그 높고도 높은 삶의 파도와 다시 싸우기로 하고 또 한 번 타히티로의 항해에 삶의 뱃길을 놓은 것이다.

다음 순간 고갱과 함께 『달과 6펜스』를 쓴, 서머싯 몸이 생각의 수면 위로 떠올랐다. 그는 파리 주재 영국 대사관 고문 변호사의 아들로 태어났다. 한동안 독일에서 유학 후 런던 세인트 토마스 의과대학에 입학하나, 졸업 후 의사 대신 작가가 된다. 현실 속에서 안정된 생활을 할 수 있는 의사 생활을 그만두고 작가가 된 것은, 6펜스의 세계를 떠나 '꿈의 세계', 달로 향해 삶의 길을 건너간 것이다.

1904년 파리에 갔던 서머싯 몸은 고갱 이야길 듣고 호기심을 가진다. 그리고 고갱이 살던 타히티를 여행한다. 그때 그는 고갱이 살던 오두막 문짝에 그린 그의 그림을 사서 돌아온다. 그 후 1921년 고갱의 삶을 모티브로 한 『달과 6펜스』를 발표했다.

한편, 『달과 6펜스』의 주인공 '찰스 스트릭랜드'는 런던에서 증권 중개인 일을 하며 살던 사십대 남자다. 그는 화가의 길을 향해, 가족을 떠나 파리로 간다. 거기서 상업적 화가 '더크 스트로브'를 만난다. 그는 모든 면에서 그를 도와준 더크 스트로브의 아내 '블란치'가 그를 사랑하다 냉대를 당하자 자살까지 하게 한다. 그 후, 스트릭랜드는 자신이 구원의 섬으로 찾은 타히티섬에 정착, 원주민 아타와 두 아이를 낳고 살다 나병으로 죽는다. 그가 살던 집은 온통 그림뿐이었다. 닥터 쿠트라는 이 그림들을 보고, 기이하고 환상적이며 세상이 처음 만들어졌을 때의 상상도 또는 에덴동산 같은 것이었다 한다. 이는 내가 읽은 『더 서밍 업』에서의 몸의 말을 생각하게 했다.

"예술가는 다만 하나의 자유인이다. 예술가의 이기주의는 난폭할 정도이다. 정말 난폭한 것임에 틀림없다. 그는 원래, 유아론자唯我論者며 이 세상은 오로지 자기의 창조력을 발휘하기 위해 존재하는 것이다. 그는 자기의 일부분만 가지고 인생에 참여

하며 자기의 몸 전체로서 인간의 평상 감정을 느껴 보지 않는다. 왜냐하면 그는 삶의 행위자면서 관찰자이기 때문이다"란 말이 마음속에 오래도록 맴돌고 있었다. 고갱과 서머싯 몸의 삶, 그리고 몸이 쓴 소설 『달과 6펜스』의 스트릭랜드는 모두 현실을 버리고 예술적 꿈을 향해 간, 6펜스를 버리고 달을 향해 간, 생의 주인공들이다.

십 대 시절 나는 『달과 6펜스』를 읽었고 서른이 되어 『더 서밍 업』을 읽었으며 다시 수십 년 후, 책 대신 비행기를 타고 타히티를 읽고 있었다. 내가 읽은 『달과 6펜스』는 안개 속 미소처럼 저만치서 웃고 있었다. 그리고 서른한 살 5월의 찬란함과 함께 읽기 시작했던 『더 서밍 업』은 아직도 선명한 말씨로 내게 말을 걸고 있었다. 그의 말들이 마음의 귀에 생생하게 들려오고 있었다.

이윽고 열한 시간 반 정도의 비행이 일본 나리타를 타히티의 파페에테 공항으로 바꾸어 놓았다. 거기서 다시 국내선을 타고 이동했다. 공항에 도착했을 때 호텔리어들이 나와 짐을 찾아 주고 꽃 레이를 걸어 주었다. 그리고 작은 보트 배를 타고 보라보라 모투의 호텔로 향했다. 바다는 민트 빛이었다가 일곱 빛 무지개로 변하고 하늘의 구름은 분홍에 노랑으로까지 보였다. 그건 내가 보고 생각했던 그 이전의 바닷빛, 하늘빛이 아니었다. 산호 빛들이 내비쳐 만드는 빛의 스펙트럼이었다. 보이는 모두가 신비의 경치일 뿐이었다.

호텔이 가까워지자 멀리서 한 번도 들어보지 못한 신기한 음악 소리가 들려왔다. 가까이 갈수록 커지는 음악 소리의 주인공은 전통복을 입고 연주하는 아름다운 미소년이었다. 배에서 내리자 호텔 여직원이 시원한 물수건을 건넸고 조가비 레이를 걸어 주었다. 배에서 내려 호텔 건물로 가는 길은 온통 꽃뿐이었다. 꽃길을 걸어 도착한 그곳에서 스트로를 꽂아 건넨 야자수를 마셨다. 내가 예약한 객실은 바닷가의 방이었다. 도착한 후 오버 워터의 전통 방식 방갈로를 보자 그 방으로 바꾸고 싶었다. 프런트 데스크에 물어보았고 이내 같은 값에 그곳으로 바꿀 수 있어 너무 기쁘고 고마웠다.

새 객실로 짐을 옮겨 주러 온 서른 남짓 원주민 남자는 하와이에서 불춤공연을 했다면서 신나는 자랑에 말의 음계를 한껏 올리고 있었다. 그는 건강미에 친절이 가득한 정겨운 얼굴이었

보라보라섬

방갈로

다. 객실은 전통의 풍미가 가득한 곳이었고 한가운데의 네모난 유리 공간으로는 바다의 온갖 물고기들을 볼 수 있었다. 그리고 방갈로에 있는 계단을 타고 내려가면 바로 수영, 카누 타기도 할 수 있었다. 파도가 방갈로로 들어올 것 같은 바닷속 방갈로 속에서 마치 한 마리 행복한 물고기가 된 듯도 했다.

고갱의 그림 속 여자처럼 티아레 꽃과 붉고 노란 히비스커스 꽃을 꽂고 다니는 여자들은 사람들을 만나면 '요라나안녕하세요' 를 먼저, 요란하게 건네곤 했다. 그 꽃들 같은 원시의 미소가 묻어나는 말 속에서 타히티의 옛날을 조금씩 들을 수 있었다. 보라보라 모투는 오테마누산과 알 수 없는 빛의 바다로 세상 어디에도 없는 풍경을 만들어, 매 순간 알 수 없는 신비의 마력을 흘

타히티 도자기와 조개껍질 목걸이

려보내고 있었다. 그리고 거리의 예쁜 기념품 가게에서 구입한 '조개껍질 목걸이'와 '원시의 색채를 입고 있는, 비스듬하여 아양 떠는 듯한 살짝 갸웃한 몸짓의 도자기 살갗'을 가끔씩 만져보는 일 또한 특별한 기쁨이었다.

고갱 박물관을 찾았다. 거기엔 빈집처럼 진품은 없었다. 그가 쓰던 물건도 없었다. 지금 거기 그가 없듯, 타히티에서 그린 그림들도 파리로 미국으로 러시아로 가고 없었다. 호텔로 돌아오는 길에 그가 그린 〈타히티 여인들〉오르세 미술관을 내 마음에 다시 그려 보았다. 타히티에서 날마다 만나는, 예쁘지는 않지만 원시의 향기가 나는, 구릿빛 피부, 특별히 굵게 느껴지는 팔과 다리들……. 그림에서도 그랬었다. 왼쪽 여자는 머리에 티아레 꽃을 꽂고 치마폭에까지 흘러내리는 티아레 꽃무늬 전통 옷을 입었다. 원피스를 입은 오른쪽 여자는 다소 나이 든, 불만과 무덤덤한, 일상에 빠진 표정의, 짜고 있던 모자를 앞에 내려놓고 있는 모습이었다.

그리고 〈아레아레아〉기쁨, 오르세 미술관도 마음에 그려 보았다. 풀밭에 앉아 있는 두 여인, 그중 한 여인은 바람에 긴 머리를 날리면서, 내가 좋아하는 플루트 연주를 하고 있다. 그들 뒤편에 선 사람들이 우상물 앞에서 춤추고 있고 그들 앞엔 붉은 개 한 마리가 있다. 그때, 원시적 자연과 사람, 신과 춤, 음악이 함께 어우러진 그림 속 풍경이 그림 밖으로 확장되면서, 내가 보고 있는 타히티의 풍경과 하나가 되고 있었다.

그리고 날마다, 푸른 잎에 꽃잎을 싸고 그 꽃잎 속에 편지를 보내던, 모투를 떠나는 날 받은 편지……. "이곳이 너무 아름다워 그 옛날 누구는, 떠나는 날마저도 잊었었는데 손님은 그렇지 않으시겠지요"란 말들은 정겹고도 정말 재미있었다. 별들과 가

고갱의 〈타히티의 여인들〉

고갱의 〈기쁨〉

장 가까운 거리에 있는 듯한, 비현실적인 아름다움을 가진 저녁 해변은 영원 속에서도 잊을 수 없을 것 같은 추억의 화석이다.

또한, 파도가 드나드는 길목, 모래 멍석 위에서의 원주민들 공연은 그들의 눈동자와 그들의 몸짓 속에 있는, 문명 이전으로 가는, 어떤 낯선 신비의 길로 안내하는 듯했다. 그리고 모투를 떠날 때의, 타히티 총각이 불던 소라 뿔고둥 소리를 또한 잊을 수 없다. 파도 너머, 내가 타고 있는 배가 멀어져 연주자도 소리도 보이지 않고 들리지 않을 때까지, 하나의 점으로, 하나의 여운으로 오래도록 보이고 들려오고 있었다. 그때 내 마음은 다시 모투로 가는 푸른 배가 되고 싶다는 혼잣말을 끝없이 독백하고 있었다.

### 보라보라 모투*

상처 없는 자연을 보겠네
분홍 구름살결
끝을 따라 처음으로 태어나고
믿지 못할 아름다움
거짓말처럼
무지개 물결 지껄이네

셀 수 없는 꽃잎들

하프바람결 물들이면

풍경이 매혹을 꺾어

사람들 눈에 걸고

밤엔

별들도

깜짝 놀란 아름다움에 큰 눈을 뜨네

취하는 아름다움 앞에선

모든 것이 침묵한다

사람들 모여

행복한 침묵을 쓰고 있다

* 타히티의 아름다운 섬

– 동시영 시집, 『낯선 神을 찾아서』에서

## 다시 네게로 가는 배

소라뿔 고둥 부는

타히티 총각

치맛자락 펄럭이며

소리로 이별 부네

눈물은 빈 종이 슬픔을 쓰라하고

파도와 파도 사이 수평선 지네

오라

이별 후의 만남아

그리움이 다시 네게로 가는

푸른 배가 되게 하라

– 동시영 시집, 『낯선 神을 찾아서』에서

# 7부 모로코

*Morocco*

# 모로코,
# 새로 피어나는
# 꽃처럼

---

## 생각의 발코니에 앉아서: 도하, 마라케시

여행은 먼 곳을 가깝게 한다. 새로운 길들은 낯설고 그리운 것들을 내 곁에 가까이 데려온다. 어쩌면, 지상의 모든 길을 헤매고 싶어, 사람들은 지금도 계속 태어나는지도 모를 일이다. 시간의 갈피엔 길들이 끼어 있고 그 길이 데리고 가는 여행, 그건 내겐 언제나 행복한 바벨이다. 사는 건 지금 이 순간마저도 너무나 먼, 알 수 없는 곳으로부터 알 수 없는 먼 곳으로의 방황이니까. 그리고 처음 본 자연으로, 도시로 새로 피어나는 꽃처럼 스며드는 것, 그건 삶의 생생한 매력이다. 사는 건 지상의 모든 길로 가는 커다란 길이기 때문이다.

그리고 길의 손을 잡고 어디든 그리운 그곳에 가면 나의 그곳에의 그리움을 해방시킬 수 있다. 그래서 한 마리 파랑새처럼, 내게 갇혀 사는 또 하나의 그리움을 풀어 주기 위해 언제나 출발해야 한다. 헤어지면 다시 그리워지는 사람처럼 이내 다시 또 그리워지곤 하지만…….

모로코의 그리운 곳들을 만나기 위해 거의 여덟 시간을 비행하고 카타르의 도하Doha에 내렸다. 도하는 붉은 흙빛의, 거칠고 황량한 바람을 입고 다가오고 있었다. 기온은 삼십칠 도라 했다. 거긴 자주 사십 도를 훨씬 넘는다 했다. 붉은 히비스커스 웃음을 가득 담은 열대 미인을 바라보듯, 나는 나의 첫 도하를 보았다. 공항 안엔 화려한 면세점, 터번 쓴 남자들, 히잡을 쓴 여인들, 내 눈으로 가장 많이 들어온, 골드러시에서는 금빛 찬란함을 메아리치듯 끝없이 길어 올리고 있었다.

잠깐, 제법 화려한 레스토랑엘 들렀다. 그윽한 풍미의 커피에 곁들인 샌드위치를 가져온 예쁜 여자아이는 필리핀에서 왔다 했다. 그의 명랑하고 친절한 웃음이 내 마음을, 내가 언젠가 보았던 그 나라의 아름다운 해안으로 가 산책하게 했다. 다시 내게 신비롭고 처음 보는 세상을 보여 주기 위해 켜 둔 수많은 촛불 같은 사람들의 눈빛 사이를 걷고 걸었다. 풍요로운 물건들이 향유를 바른 여인처럼 사람들을 끝없이 유혹하고 있었다.

얼마 후 조금 여유 있게 카사블랑카로 가는 탑승구로 갔다. 거기서 그을린 얼굴의 한 모로코 남자를 만났다. 그는 모로코 카사블랑카 사람이라 했다. 그리고 이름은 무함메드라 했다. 서툴고 친절한 영어로, 시간이 된다면 꼭 자기 집에 초대하고 싶다면서 주소와 전화번호를 건네주었다. 순간, 어느 날엔가 우연히 책에서 만난, 엘리아스 카네티Elias Canetti, 1905~1994가 떠올랐다. 그는 불가리아 태생으로 에스파냐계 유대인이다. 1981년 『군중과 권력』으로 노벨문학상을 수상했다. 그는 F. 카프카, J. 조이스에 비견되기도 한다.

그의 책 중 특히, 모로코 여행기 『모로코의 낙타와 성자』를 떠올리게 했다. 바로 내게, 천년 고도, 마라케시를 그리워하고 오래 간직하게 했던 그 여행기다. 이는 1954년 영화 촬영을 위해 모로코로 간, 영국 친구들과 모로코의 마라케시를 여행하고 쓴 여행기다. 그 여행기에서 엘리아스 카네티는 현지인, 엘리 다한을 만나 그의 집에 초대 받고 그들의 생활 모습을 엿보기도 한다.

다시, 열 시간의 긴 비행 후 카사블랑카에 도착했다. 카사블랑카는 귀국길에 보도록 하고 마라케시로 향했다. 세 시간여의 버스 이동 후 마라케시에 도착했다. 다음 날 아침 일곱 시 설렘으로 호텔 문을 나섰다. 오 분 정도 거리에서 한 마부를 만났다. 마라케시 구시가지를 한 바퀴 도는 데 30유로라 했다. 모로코인들과의 거래에 있어, 흥정에 따른 가격 결정은 그들 사회의 상도덕이란 걸 알고 있었던 나는 10유로를 제시해 보았다. 그는 그러자 했다.

나를 태운 늙은 마부는 마라케시의 구시가지를 천천히 달리기 시작했다. 마라케시는 아직 중세의 모습을 고이 간직하고 있었다. 아름답고 오래된 도시는 모습을 바꿀 자유가 없다. 그들은 이미 아름답다거나 등의 칭찬 그 너머의 절대가치로 살고 있기 때문이다. 존재하는 것 그 자체로도 말의 영역을 넘는 가치를 가지기 때문이다. 게다가 잠에서 채 깨어나지 않은 것 같은, 조용한 구시가지의 모습은 중세의 신비를 가득 담은 아름다운 여인을 보는 것 같았다. 그 거리를 달리는 기분은 무어라 말로 표현할 수가 없었다. 그저, 조용히 구시가지 곳곳을 마차를 탄 채 마음으로 거닐 뿐이었다.

황톳빛 카스바가 시간 속의 무너짐까지도 너무나 찬란하게 안고 있는 공간 너머로, 바히아 왕궁, 벤유수프 사원, 밥두칼라 사원, 쿠투비아 사원, 제마 알프나 광장, 유명 호텔들, 가장 오래되었다는 극장 등 사이를 두루 달려 보거나 멀리 있는 것은 그냥 멀리 방랑하여 바라보았다. 달리는 내내 이 도시를 예리하고도 감동적인 시선으로 바라보았던, 엘리아스 카네티를 생각해 보았다.

그리고 바투타를 떠올렸다. 그는 고향인 모로코 탕헤르를 출발, 대륙에서 대륙을 건너는 길고 긴 여행을 했다. 고국으로 돌아온 이븐바투타는 그 후 이 아름다운 마라케시를 찾았었다. 그가 바라본 조국의 아름다운 도시 마라케시는 어떤 느낌이었을까를 상상해 보았다. 달리던 중 낙타 그림 표지판을 만났다. 카네티의 책 첫 페이지부터 반복적으로 만난 낙타 이야기가 떠올라 마부에게 저기가 낙타 시장이냐 물었다. 낙타 시장은 지금 여긴 없고 카사블랑카로 가야 있다고 했다. 마차 여행이 끝날 땐 내 마음속에 중세의 꽃이 한 아름 안겨져 있었다. 마부에게 더없이 고마운 생각이 들어 10유로를 더 주고 내렸다. 마부는 몇 번이고 고맙다는 인사를 했다.

아침 식사 후 다시 마라케시의 상징인 쿠투비아 사원을 찾았다. 12세기에 축조한, 높이 77미터의 사원이 황톳빛 얼굴을 따가운 햇살 아래 높이 띄워 빛내고 있었다. 라마단 기간이라 사원은 더욱 그 위엄을 떨치고 있는 듯했다.

—
쿠투비아 사원

다음으로 이 도시의 중심에 위치한 제마 알프나 광장엘 갔다. 아홉 시쯤, 아직 좀 이른 아침이라 광장은 비교적 한산했다. 광장 안쪽으로 들어가 베르베르족들의 가게에 들렀다. 낙타 가죽으로 만든 갈색 핸드백을 사고 그들 특유의 문양이 새겨진 접시 두어 개를 샀다. 이들은 매 식사 때마다 이곳의 향취를 내 마음에 양념처럼 뿌려 줄 것이기 때문이었다. 베르베르 상인들은 적극적으로 팔려고 하지도 않고 가격표도 없어 편하게 생각한다면 오히려 스스로 가격을 정하고 사고 싶을 때 사는 재미를 느끼게 했다.

엘리아스 카네티는, 경제적 행위 이상의 의미를 풍겨 내는 수크시장의 흥정은 품위와 달변을 요구하는 사회적 행위로 생각했다. 또한 흥정을 풍부한 유희가 숨겨진 이방 도시의 비밀로 느끼지 않았던가. 그는 또, 숨겨진 것이 많은 사회에서 물건 만들기의 개방성이 마음에 든다고 했다.

다시 광장을 둘러보았다. 그 옛날엔 이곳이 처형을 하던 피의 광장이었다 한다. 그런데 지금은 세계의 관광객이 찾아와 그들의 삶을 즐기는 풍요의 광장이 되었다. 베르베르 전통의상을 입고 사진을 찍어 주는 사람, 뱀을 놓고 피리를 부는 아저씨들, 헤나를 그려 주는 여인들……. 광장은 사람들의 구경거리로 가득했다.

그중 특히 눈에 뜨인 것은 카네티가 성자라고 말했던 다양한 형태의 거지들이었다. 그들을 보는 순간 거지에게 돈을 주는 것은 모로코인들에겐 모스크mosque, 이슬람교에서 예배당을 이르는 말에 가서 돈을 기부하는 것과 같은 의미를 가진다는 이야기가 생각났다. 마라부성자라는 뜻으로 거지를 그렇게 불렀다 함에게 동전을 줄 때, 그가 입에 넣고 씹어 침을 묻히면 준 사람에게 특별한 축복을 내리는 것이고 하늘나라에 공을 쌓는 것이라 믿는다는 것이다. 그러나 카네티가 보았다는, 동전을 씹는 거지는 발견할 수 없었다.

그리고 다 죽어 가던 나귀가 욕정이 발동되어 날뛰는 것을 보고 어떤 상황에서도 욕망을 잃지 않아야 한다는 생각을 하던 이야기가 생각났다. 그리고 그가 광장이 조용해지는 늦은 시간에 자주 들렀다는 셰에라자드 카페는 보이지 않았다. 광장은 찾아오는 사람들 구경으로 바쁜 중이고, 나는 생각의 발코니에 앉아 광장을 오래도록 바라보았다.

## 광장에서 들린 말

– 제마 알프나 광장*

1

여행의 종려나무처럼 시간에 나부껴요

피동의 몸처럼 여기 서 있어요

순간을 잡고 영원을 춤춰요

삶이여 비닐 많은 날들이여

수평 위에 놓인 수직 같은 날들이여

누군가의 눈썹처럼 사람들 향기에 찡긋하는 광장

삶은

순간을 쓰고 지우는 펜과 지우개

그건 말없는 신비의 광장

오늘도 빈 그림 그냥을 그리는

2

나 또한 너처럼 비어 있는 광장

시간이 자주 들러 놀다가 가는

아무리 채워도 끝내는 비워있는

광장은 너무나 빈 곳의 찬 곳

삼을 두들기는 북소리의 악보

빈 곳에 서 있으면

가득한 말 들린다

갈등의 신인가

순간이 지나간다

혀처럼 발하는 광장 바람 속
마차의 지나감이 나를 찍는다

광장은 삶을 쓴 아주 작은 쪽지
누구나 한 번씩 와
읽어 보고 가는
순간만 새 것이고 모든 것은 헌 것
다가오는 미래도 더욱 더 헌 것

삶에 넣으면 모든 것은 샌다
존재는 언제나 모름 속 무궁화
휘파람 두른 푸르른 입
자꾸만 지는
발자국 낙엽

* 모로코 마라케시의 광장

– 동시영 시집, 『일상의 아리아』에서

엘 바디 궁전, 바히아 궁전을 보았다. 엘 바디 궁전1578~1603은 특히 입구의 골목과 무어식 건축 양식의 특징인 구멍 뚫린 벽들이 인상적이었고…… 낡음으로 사라져 가는 궁전의 위엄마저도

엘 바디 궁전

찬란하기만 했다. 그리고 바히아 궁전을 찾았다. 궁전 이름, 바히아는 술탄이 아끼던 여인의 이름이라 했다. 술탄의 여인들이 쓰던 아름다운 방들의 벽면, 문, 천장의 장식, 정원이 아름다웠다. 찬란한 옛날을 걸쳐 입은 궁전은 사람들 눈 속을 드나들며 그 옛날 이곳에 살았던 사람들이 보낸 편지라도 읽어 주는 듯했다. 새로운 또 하루의 오후가 옛날에게, 갸웃한 햇살 얼굴로 문후 드리고 있었다.

바히아를 나와 프랑스의 의상 디자이너, 이브 생 로랑이 너무나 사랑했던, 그의 공간 마조렐 정원엘 갔다. 거대한 선인장, 진귀한 꽃들, 연꽃이 떠 있는 물의 공간들은 파리 외곽 지베르니의, 모네의 집을 보는 듯했다. 그리고 그라나다의 알람브라가 가진 물의 공간을 잠깐 다시 보는 듯했다. 아니, 더러는 타지마할의 입구에 흐르는 물의 공간 같기도 했다. 중국의 끝없는 대

마조렐 정원

나무 숲 같은 오솔길에서는 동양의 신비가 바람 속에서 즐겁게 놀고 있었다.

---

### 하늘을 꿈의 양산처럼: 아이트벤하두 메르주가 아틀라스산맥

천년 요새 도시라는 아이트벤하두로 달렸다. 네 시간여의 이동 후 베르베르인들의 돌 언덕길을 걸어 올랐다. 모로코 카스바 중 옛 모습 보존을 가장 잘 하고 있는 곳이고, 영화 〈글래디에이터〉, 〈인디아나 존스〉의 배경이 되었다는 곳이다. 작은 시내가 흐르고…… 메마른 오르막길은 보이지 않는 옛날을 지금처럼 보여 주는 길의 창문 같았다. 여기서 보는 구름은 섬세한 살결로 하늘을 꿈의 양산처럼 만들고 있었다. 이 특별난 척박함 속에서 옛날을 지키고 있는 베르베르인의 흰 옷자락…… 그 너머로 그들의 미소가 오래도록 나부끼고 있었다.

와르자자트와 다데스, 토드라 협곡을 지나 메르주가에 도착했다. 사하라사막의 오아시스에서 듣는 현지인들의 그나왑 연주가 하늘까지 가 닿는 듯했다. 연주는 춤과 함께 춤추고 있었다. 그리고 그들은 하늘에서 내려온 몇몇 별들과 함께 춤추고 있는 듯했다. 메르주가의 붉은 모래 위에서…… 맘껏 자유로운 발을 따라 일출과 친하고 황량함의 주인처럼 낙타를 타고 일몰을 바라보았다. 사막에서의 하늘과 땅 사이엔, 어떤 장애물도 없어 더욱 가까이 느껴지는 별과 해와 달이었다.

아이트벤하두

## 사하라

무얼 사하라는 것이냐

죄라도 모두 사하라는 거냐

사막에 와

하고픈 말 찾아간다

머뭇하다가

그냥 말 못하는 말

그대로 말 못하고 까맣게 잊혀간다

쓸리고 쓸리는 사막의 말씀

사하라 사하라 모두 사하라

표표한 현현

여기 해가 지고 있다

철철 싸르 싸르 싸로락 따락

사막이 따르는 영원주 한 잔

커이커이 넘겨 보아라

– 동시영 시집, 『일상의 아리아』에서

메르주가 사하라

다시, 아틀라스산맥을 넘었다. 아틀라스산은 신화의 땅이다. 역사를 넘어 신화 속으로 여행했다. 이것이야말로 모로코 여행의 백미다. 해발 사천 이상최고봉 투브칼산 4,165미터의, 점차 높아지는 고도를 따라 오르다 보면 언제부터인지 흔들흔들 고도에 취하고 이윽고 신화에 취한다. 바로, 신화를 타는 것이다. 붉은 황토와 붉은 바윗덩이들…… 깊어진 계곡엔 산정의 흰 눈이 와 민트 빛 물로 흐르고 있었다. 그리고 베르베르인들은 신화를 읽고 알라를 외치고, 바람은 신화의 금가루를 끝없이 흩뿌리고 있었다.

제우스의 할머니 가이아의 자식들, 티탄들은 서로 올림포스를 차지하기 위해 싸움을 한다. 아틀라스는 티탄 신족과 올림포스 신들과의 싸움에서 티탄 신족의 편에 서서 제우스에게 저항하자고 선동한다. 이 죄로 지구의 서쪽 끝에 가서 손과 머리로 하늘을 떠받치고 있으라는 벌을 받는다. 고대인들은, 그 신화 속

아틀라스 산맥

아틀라스가 메두사를 보고 돌이 된 것이 아틀라스산맥이라 믿었다 한다.

유도화들이 여기 다 와 피자고나 한 듯…… 야트막한 산기슭엔 모두 그들 웃음뿐이었다. 그 미소의 말이 산봉우리를 오르내리며 울려 퍼지고…… 아틀라스는 마라케시 남쪽 80킬로 지점부터 시작, 알제리 튀니지를 안아 주고 북쪽으론 지중해에 닿아 흐른다. 그리고 사하라사막에 가 모래로 나른다. 대서양의 카나리아 제도로 갔다가, 이탈리아의 시칠리아, 아펜니노산맥으로 이어 솟는다.

## 신화 거닐기

– 아틀라스 산맥

아찔아찔 신화의 아지랑이

오늘을 타고 신화를 갈아탔다

한 덩이

신화 화석

아틀라스 산맥

닳아빠진

삶의 뒤축

아틀라스 오르는가

나인지

산인지

아틀라스 언덕인지

산은 나 넘고

나는 산 넘는다

나의 절반은 언제나 남

오늘 나의 절반은

아틀라스 산맥

베르베르 추장의 느릿한 말씀처럼

비 몇 방울 점잖게 떨구고 계실 때

침묵의 즙 같은 계곡물들은

시간을 찰랑 넘쳐흐르고

초대받지 않은 가끔씩네 사람들은

신화 밖을 머얼리 서성이고 있네

– 동시영 시집, 『일상의 아리아』에서

---

## 삶으로 떠오른 오늘의 태양들: 페스, 쉐프샤우엔

아틀라스 신화를 넘어 페스에 갔다. 천 년의 시간을 지나고도 중세의 얼굴을 고스란히 보여 준다는 페스다. 세계문화유산으로 아낌 받는 페스는 미로의 메디나다. 9,000여 개의 좁은 골목을 팽이처럼 돌고 돌며 셀 수 없는 수공예품의 현란함에 맘껏 빠져드는 하루를 보냈다. 평생을 한 가지 기술에 바친 이 도시의 장인들은 중세인지 오늘인지도 생각하지 않고 다만 삶으로 떠오른 오늘의 태양들 같았다. 그들은 물건 만들기로 신의 세계에 도달하고자 끝없이 기도하고 있는 것 같았다. 수수께끼 주머니 같은 낯선 물건들의 표정으로 말하는 페스는 분명 우리 시대의 것이 아닌 듯했다.

## 페스

– 기억은 잊기의 또 하나의 방식

헤맴이 돌고 돌아 이정표가 되었다

과거는 아직 너무나 젊고
현재는 싹마저 돋지 않았다

끝없는 새 시간이 침략해 와도
끄떡없는 옛날 위엔
요술로 램프를 켜 두었다

무얼 기억하려느냐
그 옛날로
기억은 잊기의 또 하나의 방식
시간이 가고 가면 잊고야 마는

골목이 깊어지면
멀고 먼 옛날 뵈고
어둠은 심해처럼 출렁이누나

– 동시영 시집, 『일상의 아리아』에서

천 년이 넘었다는 염색 공장

성장을 한 여인들은 기쁘고 성스러운 얼굴을 하고는 기도하러 모스크를 향해 가고 있었다. 여인들의, 흰옷으로 장식한 거무스름한 피부가 한껏 빛나고 있었다. 천 년이 넘게 그때처럼 지금도 가죽을 염색하고 있는 염색 공장에선 공기조차도 끝없이 중세로 염색하고 있었다. 그건 코로 듣는 시간의 전설 같았다.

페스를 떠나 세 시간여를 달리자 쉐프샤우엔을 만났다. 파란빛으로 칠해진 마을은 꿈속의 한 장면처럼 몽환적 신비를 입고 있었다. 푸른 색채는 하나의 의문부호 같고 하나의 외침 같기도 했다. 바다에서 얻어 온 푸른 물결처럼 마을 사람들도 아름답게 출렁이고 있는 것 같았다. 먼 곳에서 온 세계인들은 이 색채에 홀려 서로 모여 소용돌이를 만들고 있었다.

모로코 현지인들은 어디서나 내게 '니 하오' 하며—중국인인

쉐프샤우엔

줄 아는 듯— 인사를 하곤 했었는데 여기서도 마찬가지였다. 어디서나 많이 만나는 중국인 단체들이 뜨거운 태양을 피해 낯선 곳에서의 오후 한때를 즐기고 있었다. 그들도 내게 어디서 왔냐고 말을 건넸다. 그들은 쓰촨에서 왔다고 했다. 단체는 65명이나 되었고 표류하는 뱃사람들처럼 마을을 돌아다니면서, 아르간 오일을 사 모으고 있었다.

## 예술과 여행에의 욕망, 탕헤르

다시, 두어 시간을 달려 탕헤르에 닿았다. 내가 탕헤르에서 꼭 보고 싶은 것을 찾아보기 위해 호텔 프런트에 영어 가이드를 부탁했다. 한 시간 후 만난 가이드는 시간당 10유로를 요구했다.

빌라 데 프랑스의 전면에 있는 광고

먼저, 앙리 마티스가 탕헤르에 오래 머물었던 그랑 호텔 빌라 데 프랑스Grand hotel villa de France를 찾았다. 호텔 입구엔 마티스의 그림, 〈탕헤르의 창문Window at Tangier〉, 또는 〈탕헤르 창문을 통해 본 전경Landscape viewed from a window, Tangier〉을 넣은 광고가 걸려 있었다. "앙리 마티스의 방을 방문하세요"라는 광고문이 쓰여 있었다.

1912년 1월, 마티스는 탕헤르를 처음 방문한다. 그는 1913년에 다시 방문하는데 두 번 다 이 호텔에 머물렀다. 그는 호텔 방에 이젤을 놓고 그림을 그렸고 바로 이 호텔 35호에서 〈탕헤르의 창문〉을 그린다. 방에서 창문으로 보이는 풍경을 그린 것이다. 탕헤르의 앞바다가 내다보이는, 창문으로 들어온 지중해 바다, 바닷가 사람들이 그림에 들어와 있다.

호텔은 구시가지의 언덕이 시작되는 부분에 위치해 있었다.

지중해와 대서양이 함께 넘실대는 지브롤터의 비치가 내려다보이는 예쁜 호텔이었다. 화려하거나 거창하지 않은 비교적 조용한 곳에 위치한 호텔이었다. 가이드는 호텔리어를 만나 안내를 부탁했다. 그들은 잘 아는 사이로 보였다.

친절한 안내를 받으며 35호 마티스의 방으로 들어갔다. 평범하고 작은, 3층 맨 끝에 위치한 아늑한 방이었다. 방에 들어서자 왼쪽 벽면에 있는 마티스와 그의 아내 사진이 보였다. 세비야 여행 후 부인 아밀리에를 모델로 그렸던, 〈마닐라 숄을 걸치고 있는 마티스 부인〉, 〈모자를 쓴 여인〉이 마음에 떠올랐다. 사진 속에서 그들은 적당한 거리를 두고 고즈넉한 시선 속에 마주하고 있었다.

호텔리어는 이 방에 있는 것들은 그가 머물렀던 그때 그대로라 했다. 옷장, 침대, 가구들, 창문 등이 모두 그렇다고 설명해

35번 방의 마티스 부부 사진

35번 방 내부 가구

주었다. 그의 그림 〈탕헤르의 창문〉에서 본 풍경을 생각하며 마티스의 눈빛으로 멀리 저녁에 물든 바닷가를 바라보았다. 그리고 그의 〈모로코 풍경〉, 〈모로코 가든〉, 〈탕헤르의 야자나무 잎〉, 〈오렌지 정물〉 등 이곳 탕헤르에 머물며 그린 그림들을 생각해 보았다. 기욤 아폴리네르는 이 〈오렌지 정물〉과 관련, 마티스의 작품을 어디에 비교하라면 오렌지를 선택하겠다고 말했었다.

두 차례의 모로코 여행의 순간들을 추억 속에 불러 그렸다는 〈모로코 사람들〉 또한 이곳에 와, 내 마음에 다시금 그릴 수밖에 없다. 그 그림 속엔, 여행하며 모로코 어디에서나 흔히 볼 수 있었던 호박들, 알라를 외치고 있는 둥근 지붕의 모스크, 어디에서나 풍경을 보여 주던 발코니, 그들, 전통 옷을 입은 남자의 뒷모습이 앉아 있다. 〈모로코 사람들〉엔 날마다 나가면 보이는 모로코의 자연과 사람, 종교와 그들을 보던 그의 시선이 함께 그림 안에 있다.

마티스 방으로 가는 통로에는 그의 화집과 관련 자료들이 전시되어 있었다. 로비로 내려온 호텔리어는 마티스 시절에 듣던 음악을 들려주겠다며 특별한 서비스를 해 주기도 했다. 그리고 마티스가 머물 당시에는 주변이 모두 자연 그대로의, 나무와 풀꽃들이 가득한 아름다운 곳이었다고 했다.

장식성이 강한 그의 그림에 모로코에서 본 아랍 전통 문양들이 큰 영향을 끼쳤음은 익히 아는 사실이다. 그는 언제나 어느 곳에서나 새로운 환경과 시간에 영향하는 새것의 표현에 그의 온 예술혼과 정신을 바친 사람이기 때문이다.

또한, 나는 탕헤르에서, 들라크루아가 남긴 발자취를 찾아보

방으로 가는 통로의 마티스 화집과 호텔리어 모습

탕헤르의 들라크루아 박물관

고 싶었다. 들라크루아는 내가 스무 살 즈음, 대학 시절부터 화집을 사서 틈나면 즐겨 보곤 했던 화가다. 문학작품에서 찾아낸 문학적 상상력을 그림에 옮겨 놓길 좋아한 화가이므로 문학도인 나로서는 그의 그림이 더욱 가까이 느껴질 수밖에 없었다.

셰익스피어, 괴테, 단테, 바이런 등 셰익스피어와 관련, 〈공동묘지의 햄릿과 호레이시오〉를 그리고, 괴테의 『파우스트』, 프랑스 번역판에 석판화를 제작하기도 했다. 단테의 『신곡』은 실제 무슨 관광이나 하는 것처럼 지옥에서 천국까지 가는 것을 쓰고 있는데, 이를 읽고 그는 〈단테의 배〉를 그렸다. 이는 함께 여행하는 단테와 베르길리우스가 지옥의 강을 건너려는 모습을 그린 것이다.

루브르에서 보았던, 〈사르다나팔루스의 죽음〉은 바이런이 아시리아 왕 사르다나팔루스의 최후를 쓴 시극 『사르다나팔루스』

를 읽고 그렸다. 미술 평론도 했던 보들레르는 그를 낭만주의를 지나 현대예술운동의 서막을 여는 화가라고 칭송했었다.

그는 1832년, 프랑스 외교 사절 일원으로 모로코를 여행했다. 술탄을 방문했을 때 그는 명마를 선물로 받고 파리까지 가져갈 수 없어 말을 팔아 여행 경비로 썼다는 재미있는 얘기가 있다.

이런저런 생각들과 함께, 탕헤르에서 들라크루아의 모로코와 탕헤르 그림을 보는 즐거움을 만끽하고 싶어 들라크루아 박물관엘 갔다. 하지만 문이 닫혀 있었다. 너무나 아쉬웠다. 여행지에서의 시간은 언제나 충분하지 못하다. 그래서 때론 가슴까지 싸한 아쉬움을 맛보게 한다. 내가 보고 싶었던 탕헤르의 그림들과 2년 전 루브르에서 다시 본 〈민중을 이끄는 자유의 여신〉 등을 오버랩 하며 맞은편 거리로 걸어갔다.

탕헤르를 왔던 윌리엄 버로스와 폴 보 등의 작가, 비너스 같은

엘 민자 호텔 입구 모습과 귀빈들의 은그릇

몸매와 춤으로 유명했던 배우 리타 헤이워드, 이브 생 로랑, 갠조, 오나시스…… 수많은 유명인들이 머물렀던 엘 민자 호텔El MinZar Hotel을 찾았다. 입구엔 그들에게 최고의 서비스를 하기 위해 사용했던 순은 그릇이 전시되어 있었고 벽면엔 이 호텔에 머물렀던 유명인들의 사진이 걸려 있었다. 모로코는 화가, 소설가, 시인 등 예술가들에게 새로운 예술혼을 불어넣고 예술적 욕망에 설레게 한 곳이다. 그리고 그들에게 더욱 높은 예술적 성공에 따르는, 드높은 명성을 안겨 준 곳이기도 하다.

또한, 탕헤르는 중세의 여행가 이븐바투타Ibn Battūtah가 태어나고 생을 마감한 곳이다. 한때 나는, 바투타의 여행기를 따라 시간을 거슬러, 중세를 즐겁게 여행한 적이 있었다. 탕헤르에 와 어찌 바투타의 흔적을 찾고 싶지 않겠는가. 그가 묻힌 곳을 찾아가 보기로 했다. 골목을 헤매어 돌아 좁디좁은 그의 안식처를 찾았다. 비교적 늦은 시간이라 걱정했지만 문이 열려 있었다. 실내는 좁았고 머리를 메카로 둔 그의 관이 놓여 있었다. 늙은 관리인은 매우 경건한 표정으로 실제는 이 아래 땅속에 묻혀 있다고 설명해 주었다.

바투타1304~1368의 여행은 우리가 널리 아는, 마르코 폴로1254~1324의 여행보다 여행 기간이 길었을 뿐 아니라 훨씬 다양한 지역을 여행했다.

그가 태어나고 자란 탕헤르는 대서양과 지중해가 함께 오고 건너편에 마주 보이는 안달루시아 지방이 손짓해 부르듯 가까운 곳이었으니 어찌 특별난 여행을 떠나지 않을 수 있었겠는가.

그는 중세 여행가로서 가장 오래, 그리고 광범위한 지역을 여행하고, 여행기 속에 각 나라의 역사, 풍습, 기이한 이야기 등을 기록하고 있다. 탕헤르가 고향이라는, 가이드는 내게, 모로코의 우표에도 그의 얼굴이 새겨져 있다고 자랑스럽게 말했다. 그는 1325년 그가 스물한 살 때 탕헤르를 떠나 메카로 향한다.

물론 그 여행의 가장 중요한 목적은 메카에 가는 것이었지만 메카를 본 후에도 그의 여행은 계속되어, 고향에 돌아왔을 땐 이미 50세의 나이가 되었다. 그는 유럽, 아프리카, 아시아 등 44개 국가에 달하는 광범위한 지역을 여행했다. 그리고 인도에서는 관리를 맡아 중국 원나라까지 여행한다. 북아프리카, 이집트, 팔레스타인, 시리아, 메디나, 메카, 이라크, 페르시아, 사우디아라비아, 예멘, 동아프리카, 아시아, 콘스탄티노플, 남러시아, 중앙아시아, 인디아, 실론, 수마트라, 중국을 여행하고 탕헤르에 돌아온다.

고향에 왔을 때 부모님은 당시 유럽을 휩쓸던 페스트에 걸려 이미 돌아가신 뒤였다. 부모님의 묘역을 참배하고 탕헤르에 몇 년 머문 후 안달루시아그라나다, 모로코의 사하라, 서아프리카를 여행한다. 그리고 탕헤르에 와 생의 짐을 내려놓았다.

그의 여행기는 당시 술탄Abu Anan Merinid의 명령에 따라 바투타가 직접 집필하였으나 소실되었다. 그리고 당대의 시인이며 문장가인 이븐 주자이Ibn Jouzay 알 칼비가 요약, 필사하였다. 오늘날 우리가 보는 것은 바로 이것으로 알려져 있다. 원제목은 『여러 지방의 기사奇事와 여로의 이적異蹟을 목적한 자의 보록寶錄』이나, 일반적으로 『이븐바투타 여행기』로 알려져 있다.

그는 베르베르계의 명문가 태생이며 법관이다. 여행 도중 그 지역의 왕이나 명사들을 만나 교류했고 인도 델리와 몰디브 제도에서는 법관을 역임했다. 델리의 술탄 특사로 중국 원나라에 파견되어 원나라 황제를 만나기도 한다. 그의 여행기 안에 있는 각 나라의 진기한 이야기가 재미있다. 그리고 그의 여행기를 읽으면서, 내가 여행한 곳의 중세 모습을 그려 보는 것 또한 적지 않은 재미를 느끼게 했다.

14세기 모습의 구시가지

구시가지 저녁 마켓

그는 여행 중 때론 목숨의 위협을 느끼고 질병에 시달리다 구사일생으로 겨우 목숨을 건지기도 한다. 여행하면서 결혼도 하고 아이도 낳고 그 아이를 잃기도 한다. 그의 여행은 그의 평생이다. 그 안에 평생의 모든 것이 있다.

구시가지 거리를 따라 과일, 옷가지 등을 파는 거리가 이어졌다. 라마단을 지키는 사람들은 저녁 아홉 시 반이 되자 하나씩 가게 문을 열고 사람들은 골목마다 넘쳐나고 있었다. 14세기 때의 모습이 그대로 보존되었다는 거리에는 고풍스러운 모습들이 나와 언덕을 오르내리며 풍경을 수놓고 있었다. 그 옛날의 거리에서 사람들은 지금도 옷을 수선하고 카페에서 박하차를 마시고 알라를 외치고 있었다.

구시가지의 아름다움에서 발길을 돌려 비스듬한 언덕을 걸어

카스바에 있는 지중해 박물관

카스바로 향했다. 14세기에 지어졌다는 카스바는 대서양과 지중해가 섞여 흐르는 아름다운 바다에 접해 있었다. 그 시절 왕궁이었던 곳은 지금은 지중해 문화 박물관이 되어 있었다. 새벽 세 시까지 알라를 외치는 모스크 아래서 밤새 낮같이 밝은 밤이 흘러가고 있었다. 그 속에서 벌써, 내가 만난 탕헤르의 행복한 만남이 내 안에 오래도록 반추할 기쁨의 처소를 만들고 있었다.

잊으며 잊히며

– 탕헤르

삶은 본래 바람의 고장
잊으며 잊히며 불려가는 곳

탕헤르 골목 걸어 중세로 간다
카스바여 카스바여 나를 아느냐

바닷가 외딴 길
돌무덤 선 길
파도가 파도 보며 모른다하네

시간을 똑 똑 떨구는 저녁
그 위에 빗방울 하늘 말하네
머얼리 모스크가
알라 부를 때

– 동시영 시집 『일상의 아리아』에서

---

## 영화 속으로 걸어가다, 카사블랑카

언젠가 영화 〈카사블랑카〉를 보았다. 그러고는 보고 또 보았다. 흑백 화면에 새기어지는, 삶의 극한 상황, 전쟁제2차 세계대전을 배경으로 한 안타까운 사랑은 짙고 연한 안개의 색채로 내 마음을 자꾸 물들였고 다시 또다시 영화 속으로 안개처럼 잦아들게 했다. 그러곤 영화 속 모로코 카사블랑카를 그리워하게 했다. 그리고 많은 시간이 흐른 후…… 나를 카사블랑카에 가게 했다.

1942년 영화사에 빛나는 〈카사블랑카〉가 개봉되었다. 릭 블레인 험프리 보가트, 일자 룬드 잉그리드 버그만, 빅터 라즐라 폴 헨레이드, 샘 둘리 윌슨……. 일자는 릭이 파리에 살던 시절 연인 관계였고 독일군이 쳐들어오자 일자와 함께 도망가고 싶어 한다. 하지만 그녀는 편지 한 통만 남기고 모습을 보여 주지 않는다.

세월이 가고 릭 블레인은 카사블랑카에서 '릭스 카페 아메리카 Ricks cafe America'를 운영하며 산다. 어느 날 일자는 남편과 함께 릭이 가졌다는 통행증을 얻기 위해 그의 카페에 나타나고…… 릭은 두 사람을 도와 그들이 원하던 꿈의 땅을 향해 카사블랑카를 떠나게 한다. 릭은 사랑했으므로 일자를 떠나보낸 것이다. 사랑하는 일자가 타고 있는, 멀리 사라져 가는 비행기를 바라보며 안개 속에 오래도록 서 있는 끝 장면은 마음에 아련한 슬픔이 밀려오게 한다. 이는 잊히지 않는, 영화사에 빛나는 명장면이다.

두 연인의 행복한 사랑의 시절을 잘 알고 있는 샘은 릭스 카페에서 〈As Time Goes By〉를 반복하여 부른다. 그 노래는 두 연인의 마음을 너무나 잘 보여 준다. 이는 연인들의 마음을 보여 주는, 음악으로 만드는 구조가 된다. "Play it again Sam"은 이

카사블랑카 릭스 카페

노래를 셈에게 불러 달라고 요청하는 일자의 명대사다. 이를 제목으로 한 우디 앨런의 〈카사블랑카여 다시 한 번〉은 그가 얼마나 이 영화를 좋아했는지를 알게 한다. 그리고 버티 히긴스Bertie Higgins의 노래 〈Casablanca〉에서는"As Time Goes By"가 절묘하게 가사로 들어와 울림을 준다.

이 아름다운 영화의 배경은 카사블랑카지만 실제 영화 속에서는 카사블랑카를 한 번도 볼 수 없다. 그러나 카사블랑카에는 릭스 카페가 있다. 영화를 본 사람들은 그곳이 영화와 아무런 관계가 없다는 것을 알면서도 그곳에 가고 싶어 하고 그곳에서 영화를 찍지 않았다는 것을 알고 있지만 찍었다고 믿고 싶어 한다.

이른 아침 카사블랑카의 거리를 나섰다. 트람이 도시를 흐르는 카사블랑카의 산책은 다시 영화 〈카사블랑카〉를 보는 듯했다. 아니, 영화 속으로 걸어 들어가는 것 같았다. 카사블랑카가 자랑하는 모하메드 5세 광장을 지나고 핫산 2세 모스크를 지나 어느새 릭스 카페 앞에 서 있었다.

그리고 다시, 카사블랑카 공항에 왔다. 영화 〈카사블랑카〉에서처럼 안개는 없었다. 나와 모로코 여행을 함께한 행복한 시간들이 나를 배웅하러 나오기나 한 듯, 모로코에서의 나의 시간들이 다시 내게 가까이 다가오고 있었다. 내 마음은 릭의, 알싸한 슬픔을 자아내는 영화 끝 장면을 보는 듯, 너무나 아름다운 이별의 슬픔에 잠기고 있는 듯했다. 이륙하는 순간, 어디에선가 〈As Time Goes By〉와 〈Casablanca〉가 들려오고 있는 듯했다.

8부

# 중국

*China*

# 곽말약 시의 외침과 절규, 북경의 매력

## 마음으로 놓은 기쁨의 다리를 건너

오늘 여정의 목적은 현대 중국의 대표적 시인인 곽말약의 흔적을 찾아가 보는 것에 있다. 곽말약기념관郭沫若纪念馆, 궈모뤄지넨관이 있는 전해서가前海西街, 첸하이시지에로 간다. 많은 사람들이 언제나처럼 자전거 투어로 이 아름다운 골목을 빠르게 지나가고 있었다. 세계 각국에서 온 사람들이 저마다 즐거운 한때를 자전거에 태우고 베이징에서의 하루를 만끽하고 있다.

낭만적인 분위기로 넘실대는 허우하이後海를 지나 관광객들이 즐거운 마음으로 놓은 기쁨의 다리를 건너 곽말약기념관에 도착했다. 그러나 뜻밖에도 문은 닫혀 있었다. 일요일이라 열려 있을 줄 알았던 기념관의 문이 닫혀 있었다. 지나가는 사람들의 시끄러운 중국어 사이로 닫힌 문의 고요함이 그 얼굴을 한껏 내밀고 있었다. '아! 어쩌면 문을 열어 줄 수도 있을 거야, 재밌는 일이 생길 수도 있고……'라고 생각하며 내 손이 벌써 문에 달린 벨을 누르고 있었다.

그리고 문이 열렸다. 오십 대 후반 아니면 육십 가까이 되는 듯한 한 남자가 아끼듯 문을 아주 조금만 열었다. 그는 조금 열린 문틈으로 오늘은 쉬는 날이라는 말을 내보냈다. 한국에서 왔는데 시간이 충분하지 않으니 오늘 기념관을 조금이라도 볼 수 있느냐 하자 그는 손사래를 쳤다. 하지만 나는 문틈으로 조금 들어섰다. 마침 서류를 한 손 가득 든 중년의 여자 직원이 내 앞을 지나가고 있었다. 다가가 관람을 부탁하자 그녀는 기쁘게 허락해 주었다.

그 직원은 나를 안으로 안내했다. 기념관에 대한 설명이 있는 표지판엔 곽말약이 1963년 11월부터 1978년까지 여기서 살았고, 인생의 말년 15년 동안을 여기서 '건너갔다'고 쓰여 있었다. '건너갔다'는 중국어 표현이 마음속 깊이 와 닿아 조용한 울림을 주었다.

정원의 겨울나무들은 깊은 생각에 잠긴 듯했다. 곽말약 좌상이 명상을 하는 모습처럼 거기 앉아 있었다. 곽말약 시인이 가장 좋아했다는, 가을이면 특히 아름다운 자태를 뽐낸다는, 은행

나무가 추운 공중을 향해 가지를 흔들고 있었다. 그리고 기념관 입구 왼쪽엔 그가 쓴 글이 대신 사람들을 맞이하고 있었다. 시인, 극작가, 소설가, 번역가, 고전 연구가, 사회운동가 등으로 다양한 활동을 했던 곽말약은 유명 서예가이기도 해서 중국 곳곳에 그의 필치를 남겨 놓고 있다.

한쪽 공간엔 크고 작은 두 개의 종이 놓여 있었다. 그들은 누군가가 두드리기만 하면 특별한 연주를 하기 위해서 침묵을 모으고 있는 듯했다. 이 두 개의 종은 곽말약이 직접 산 것으로 큰 것은 명나라 때인 1457년, 작은 것은 1744년 청나라 때 제작한 것이라 했다.

중국의 전통 가옥에서 흔히 볼 수 있는 아름다운 돌사자 두 마리도 있었다. 곽말약은 이 돌사자들을 흔히 볼 수 있는 것처럼 대문 양쪽에 놓기보다는, 잔디를 뛰노는 모습처럼 보이도

중국의 돌사자

록 놓고 싶어 했다고 한다. 중국인들은 돌사자가 벽사辟邪와 복을 불러온다고 믿으며, 항상 암수 한 쌍으로 놓는다. 이 같은 의미를 지니는 사자는 중국의 민속놀이에서도 자주 만날 수 있다. 중국 문화의 영향을 많이 받은 일본 오키나와의 전통 가옥 지붕 위에서도 두 마리씩의 사자를 볼 수 있다.

곽말약의 공간에서 돌사자 한 쌍을 본 순간 노신 박물관에서 보았던, 그가 직접 구입했다던 골동품들이 마음에 다시 떠올랐다.

건물 안 오른쪽 편에서 휴일에도 근무하고 있는 박물관 직원의 다소 즐거운 듯한 말소리가 들려왔다. 그들을 만나 보고 싶었다. 노크를 하고 정중히 인사를 했더니 사십 대 중반쯤 되어 보이는 기념관 책임자인 듯한 남자가 따뜻하게 맞이해 주었다. 그는 기념관 비치용 자료에서부터 아직 뜯지도 않은 최신의 곽말약 연구서까지 책장에서 열심히 찾아 건네주었다. 휴관일에 입장료도 안 내고 들어왔는데 이렇게 많은 자료까지 보여 주다니…… 게다가 열쇠를 찾아 전시실 내부도 마음껏 관람하게 해 주는 등 뜻밖의 호의를 베풀어 주었다.

우리나라 사람들은 흔히 중국 사람들이 말이 시끄럽고 약간 거친 듯 보인다 하는데, 실제 그들을 가까이서 만나 보면 참 따뜻한 마음을 지니고 있으며, 순수한 정을 베푸는 경우가 정말 많다. 지금 이 순간도 그들에게 진심으로 고마움을 느끼고 있다. 나도 그 고마움에 조금이나마 보답하고 싶어 한국에 오는 중국 관광객을 우연히 만나면 친절히 길도 가르쳐 주곤 한다.

기념관에서 내게 준 '중화명인'이라는 작은 안내 책자에는 곽말약, 노신, 노사, 모순, 매란방 등이 함께 간략히 소개되고 있었다. 이백, 두보, 백거이 등을 비롯한 당 · 송 시대의 중국 고대 문인들은 우리나라에 잘 알려져 있으나, 현대의 문인들은 비교적 많이 알려지지 않았다.

내가 아는 현대의 중국 문인들을 잠깐 떠올려 보았다. 현대 문인인 노신본명 周樹人은 우리나라에도 많이 알려진 작가이지만, 그의 친동생인 주작인周作人은 많이 알려지지 않았다. 그는 노신의 네 살 아래 동생으로 일본 유학을 했으며 일본 여인 하부토 노부코와 결혼했고, 일제하에서 북경대 총장을 하기도 했다. 노신과는 달리 친일적 삶을 살았다. 그는 평민문학平民文学의 개념을 제기하고 산문 분야에 크게 기여한 것으로 평가되었다.

또 다른 현대 문인 서지마는 미국 클라크대학, 영국 케임브리지대학에서 유학하고 바이런, 셸리, 키츠 등의 영향을 받아 중국 최고의 낭만주의 시를 쓴 시인이다. 그는 서정 산문 부분에서도 탁월한 작가로 평가받고 있다. 장유의, 임휘인, 육소만 등과의 러브스토리는 인구에 꽤 회자되기도 했다. 그는 시대적, 국가적 의식이 결여된 작가로 평가되어 왔으나, 개혁개방 이후 새롭게 조명받기도 하였다. 어느 사진에서 본 서지마의 모습은 전형적인 영국 신사 같았다.

미국 유학 중 쓴 서신체 산문 「어린 독자에게」로 알려진 작가 빙심도 있다. 그녀의 본명은 사완영이다. 그는 5 · 4운동을 겪으면서 의학에서 문학으로 관심을 전환하여 청신한 문체의 '빙심체'를 창출한 여성 작가로, 백화문을 유려하게 구사하여 독자들의 사랑을 받았다.

영국 유학을 한 문인 주자청본명 자화은 시 「훼멸」과 「연못에 어린 달빛」, 「뒷모습」 등의 수필을 남겼다. 인생을 위한 리얼리즘 문학을 주창한 모순은 소설 「임씨네 상점」과 「봄누에」 등으로 유명하다.

소설 「차부뚜어 선생」으로 유명한 호적은 미국 코넬대학과 컬럼비아대학에서 유학하고, 실용주의 철학자 존 듀이의 철학에 심취하였다. 그리스 비극과 셰익스피어, 체호프, 입센의 영향을 받아 표현주의 연극을 이끌어 갔던 칭화대 출신의 조우는 「뇌우」, 「일출」 등의 명편을 남겼다. 일본 도쿄고등사범에서 유학하고 1920년 귀국해 곽말약 등과 창조사를 설립한 전한도 있다. 그는 「커피숍의 하룻밤」과 「범 잡던 밤」 등의 희곡과 「무측천」, 「서상기」 등의 대작 전통극을 발표하기도 하였으며, 유미주의적이면서도 현실주의적인 작품 경향을 보였다.

파금본명 이요당은 크로포트킨, 골드만 등을 애독하면서 무정부주의적 애국자로의 성향을 가지게 되었다. 프랑스에서 유학 시절을 보낸 그의 대표작으로는 「인개」, 「비」, 「번개」, 「집」, 「봄」, 「가을」, 「불」, 「사정」 등이 있다.

또한 중국의 대표적 현대 시인인 애칭본명 장정함은 프랑스에서 유학하며 프랑스 현대 시의 영향을 많이 받았다. 그는 시집 『대언하』, 『북방』 등을 발표하였고, 「작가를 이해하라, 작가를 존중하라」라는 글로 당의 비판을 받기도 했다. 1985년 이후에는 연이어 노벨문학상 후보에 오르기도 했다.

「낙타장사」, 「용수구」 등의 대표작을 가진 노사본명 서경춘는 런던대학에서 유학하며 다양한 장르의 작품을 발표했다. 그가 쓴 「낙타장사」는 미국, 일본, 유럽에서도 베스트셀러가 되었다.

사합원 공간엔 몇 그루의 나무가 서 있었다. 그 공간에 피어오르곤 한다는 아름다운 꽃들은 겨울인지라 상상 속에서 볼 수밖에 없었다.

입구의 맞은편엔 그를 찾아오는 수많은 사람들을 위한 접견실과 함께 곽말약 부부의 생활공간이 있었다. 거기에는 U자형 소파 세트가 놓여 있었으며, 곽말약이 외국에서 온 손님 등을 접견할 때 앉아 있곤 했다던 의자가 피아노 앞에 놓여 있었다. 몇몇 중국 그림들도 걸려 있었다.

입구의 양쪽으로는 전시 공간이 있었다. 동쪽 전시실에서는 곽말약의 시, 역사극, 번역물 등 관련 자료를 전시하고 있었고, 서쪽 전시실엔 곽말약과 중국의 문학, 역사적 공헌물 등을 전시하고 있었다.

'중화명인' 책을 열어 보자 곽말약은 노신 바로 뒤에 소개되고 있었다. 곽말약과 노신의 유사성, 그리고 그들 경쟁적 관계의 일면을 생각하면서 나도 모르게 미소를 지을 수밖에 없었다. 이 안내 책자에서조차 순서가 앞서거니 뒤서거니 하는 게 재미있었다. 필자의 책 『여행에서 문화를 만나다』에 썼던 노신, 그리고 노신고거의 내용을 생각하며 곽말약과 그의 기념관을 둘러보았다.

곽말약과 노신은 중국이 자랑하는 신문화운동 중 문학 창작 부문의 선구자들이다. 조금 더 세분화해서 이야기한다면, 노신은 구문화의 비판에, 곽말약은 중국의 미래를 만들어 갈 새로운 의식의 창조와 실천에 좀 더 중점을 두었다.

곽말약의 생애에 대해 이야기하자면, 그는 1892년 사천성四川省 낙산에서 태어났다. '말약'이란 이름은 그가 일본 유학 때 사용하기 시작한 필명이다. 이는 그의 고향에 있는 강, 말수沫水와 약수若水에서 한 글자씩 따서 만든 것이다. 고향을 흐르는 두 개의 강이 그의 필명에 와 흐르고 있는 것이다. 고향을 그리는 마음의 흔적이 필명에 물결무늬 져 드리워 있는 것이라 할 수 있다. 그의 본명은 개정開貞이다.

곽말약은 1914년 도일하여 후쿠오카의 큐슈제국대학 의대를 들어갔다. 그는 1916년 8월 사토 토미코라는 일본 여인을 만나 사랑에 빠진다. 친구를 병문안 갔다가 병원 간호사로 근무하던 그녀를 만난 것이다. 그녀는 다음 해 의대에 합격하기도 했지만 임신으로까지 진행된 그들의 사랑을 위해 학교를 그만둔다. 두 사람은 집안의 극심한 반대에도 아랑곳하지 않고 그해 말 오카야마로 함께 이사한다. 그는 그녀를 안나라고 불렀다.

그러나 곽말약에게는 이미 부모가 정해 준 장경화라는 부인이 있는 상태였다. 그녀는 혼자서 곽말약의 부모를 극진히 모시는 희생적인 삶을 살았다. 곽말약과 안나와의 사랑은 영원하지 못했다. 중일전쟁이 발발하자 곽말약은 안나와 다섯 아이의 곁을 떠나 중국으로 귀국한 후 항일운동에 참여한다. 그 후 곽말약에겐 북벌전쟁에 함께 참전한 전우 안린과의 사랑이 있었다. 그녀는 그가 참전 중 병으로 고생할 때 극진히 보살펴 주었다고 한다.

또한 곽말약은 1938년 1월 중국 무한에서 젊고 아름다운 배우 위리첸을 만난다. 그녀는 20대의 꽃 같은 나이였다. 곽말약은 이후 40여 년의 삶을 그녀와 함께하게 된다. 오늘 내가 찾아온 이곳 곽말약기념관이 그들이 함께 삶의 마지막 부분을 가꾸어 간 공간이었다.

노신에게도 곽말약의 경우처럼 부모가 정해 준 부인이 있었다. 노신은 일본 유학 시절 부모의 요청에 의해 잠시 귀국하여 마음에도 없는 결혼을 한 후 바로 일본으로 되돌아간다. 그는 그의 제자 쉬광핑許廣平과 사랑을 나누고 새로운 삶을 선택했다. 쉬광핑은 노신이 생을 마친 후에도 그를 위해 많은 노력을 하였다. 곽말약과 노신, 두 사람은 모두 일본에 유학하여 의학을 공부했고 문학 활동을 했으며 사회운동가로 활동했다는 공통점이 있다. 노신은 소설에서 뛰어난 업적을 남겼고, 곽말약은 시집 『여신』을 내는 등 시와 희곡 부문에서 두각을 나타냈다.

곽말약은 독일, 영국, 미국, 인도의 많은 문학서와 독일, 영국의 철학서를 읽었다. 특히 타고르, 하이네, 괴테, 스피노자, 월트 휘트먼 등을 즐겨 읽었다. 그는 1921년 상하이에서 『여신』을 출간하고, 문학회 '창조사'를 만들어 중국의 현대 문학과 신낭만주의 문학 형성에 커다란 영향을 주었다.

그는 괴테의 『파우스트』, 『젊은 베르테르의 슬픔』, 니체의 철학서 『차라투스트라는 이렇게 말했다』를 비롯하여 실러, 바이런, 셸리, 타고르, 푸시킨, 톨스토이, 투르게네프의 책과 일본의 단편소설 등을 번역하였고, 노자, 장자 관련 고문헌에 깊은 관심을 가지고 많은 저서를 보유하였다. 노신 역시 일본의 현대소설 번역과 러시아 시가 및 고골의 작품 등을 번역했고, 중국 고문헌을 보유하였다.

관람객이 없는 조용한 기념관을 보며 조금 전 박물관 직원에게 받은 논문집 내용이 매우 궁금해졌다. 이 논문집은 『곽말약 연구』 2017년 제1집으로, 사회과학문헌출판사에서 발간된 것이다. 그중 가장 시선을 끄는 두 편의 논문을 빠르게 훑어보았다.

곽말약 국제 학회 회장인 후지타 리나藤田梨那 일본사관대학 교수의 「곽말약의 한시 창작」이란 논문이 눈에 들어왔다.

곽말약은 어린 시절 두보와 이백 등이 쓴 중국 고대시를 읽었고, 소년기에는 율시, 절구 위주의 시를 창작했다. 그러나 일본 유학 이후 그의 시는 이전과 매우 달라졌다. 1914년 곽말약은 북경을 출발하여 부산을 거쳐 동경에 도착했다. 그가 말했던 인생 최고의 근면과 노력의 생활이 시작된 것이다. 반년의 노력으로 그는 제1고등학교에 들어갔고 대사관이 주는 장학금을 획득하기도 했다.

일본 유학 시절 곽말약은 동경에서 욱달부, 성방오 등과 '창조사'를 만들고 '예술을 위한 예술'을 내세운 창작과 번역 활동을 했다. 1922년에는 『시경』을 현대적으로 번역하여, 그 결과물인 『권이집卷耳集』을 이듬해 상하이에서 출판한다. 또한 40수의 연애시를 뽑아 『국풍』을 만들기도 한다. 이 시기 그는 「문학의 본질」 등의 논문을 발표하고 시가의 본질과 운율의 기원, 구어 시의 필연성 등을 강조했다.

『권이집』 서언에서 그는 "중국 민족은 본래 자유로운 아름다움을 추구하는 민족인데, 수천 년 동안 지나친 예의 등의 교육하에 이 같은 것이 거의 사멸되다시피 되었다. 가련하다. 우리 최고의 우수하고 아름다운 평민 문학이 이미 화석이 되었도다"라 하였다. 그는 문학의 원시세포는 문자보다 정서의 표현이 더 중요하다고 강조하였으며, 『시경』에서 시의 본질인 음악-시가-춤의 삼위일체 이론을 읽어 냈다고 쓰기도 했다.

같은 논문집에 실린 산동 사범대학 문학원의 위건魏建 교수가 쓴 「다시, 여신重識, 女神」 또한 곽말약 연구에 대한 나의 호기심을 불러일으켰다. 이 논문에 따르면, 곽말약의 『여신』은 새로운 논리 원칙과 미학 원칙을 탄생시켰다. 곽말약의 시는 현대 중국 신시 표현의 새로운 예술 법칙, 내재율과 새로운 시풍을 창조했으며, 후대 중국 신시 수립을 위한 성공적 모델이 되었다고 평가받는다.

또한 곽말약은 중국 고전 시가에서 항상 보아 온 '행화', '봄비', '청풍' 등의 시어 대신 '태양', '지구', '무한한 태평양' 등 거대한 생명적 의식을 드러내는 시어를 사용하여, 변혁하는 중국이 필요로 했던 움직임과 시대가 필요로 하는 청춘 · 생명 · 열정의 힘을 주입한 것으로 평가되고 있다.

위건 교수는 『여신』에 수록된 작품의 특성을 크게 네 가지 부분으로 나누고 있었다. 곽말약은 내재율의 실천을 부단히 실험했고, 이에 있어 한 편 한 편이 각기 다른 형식을 지니도록 창작하였다. 이는 전통 시의 외재율을 계승한 것이 아니라 그가 창조한 시가 형식이다. 또한 이는 개방적 탐색의 요구를 나타낸 것이며, 이후 중국 시가의 다양한 발전 가능성을 열어 준 것으로 볼 수 있고, 이 점이 중국 시가에 있어 곽말약의 중요한 공헌이라고 위 교수는 쓰고 있다.

나는 곽말약의 시를 처음 읽었을 때의 느낌을 기념관에서 다시 한번 새롭게 떠올려 보았다. 그리고 그의 대표작과 우리나라에서의 곽말약 시 읽기 등에 대하여 생각해 보았다. 강렬한, 어쩌면 결의에 찬 듯한, 시적인 힘으로 가득 찬 그의 시들이 매우 인상적이었다. 그의 시는 단번에 읽어 내리게끔 하는 강한 흡인력을 가지고 있다. 하지만 니체, 장자, 노자, 타고르, 톨스토이, 실러, 루소, 굴원, 불경, 다윈, 로댕 등을 즐겨 읽은 나로서는 오히려 낯설지 않은 대상이기도 했다.

곽말약의 시집 『여신』에 수록된 시들은 전체적으로 감탄사가 많은 매우 강렬한 시어와 전율하는 듯한 시적 분위기를 독자에게 전달한다. 그러나 순수 서정의 순정한 시 감각을 느끼게 하는 시들도 있다. 「연주회에서」를 읽다 보면, 화자가 말하는 멘델스존의 한여름 밤을 듣고 "영혼의 즐거운 어울림에 아, 영혼이 해체되는 슬픔이여"라는 섬세한 구절을 만나게 된다.

그리고 「밤에 십리송원을 걸으며」에서는 "십리 솔밭의 무수한 고송이 천하를 찬미하며 침묵하고 그들, 한 가지, 한 가지의 손이 공중에서 떨고 나의 한 가닥 신경 섬유는 내 몸속에서 떤다"라는 구절을 만나기도 한다. 유학 중 예술지상주의에 영향을 입은 시적 경향, 그리고 자연을 노래한 초기 시들 곳곳에서는 시인이 생래적으로 가진 듯한 순수 서정, 초미세 민감도를 보유

한 예술혼의 섬세한 떨림을 감지할 수 있게 한다.

한편, 어느 부분들에선 내가 니체의 『차라투스트라는 이렇게 말했다』를 읽을 때 느끼던 묘한 홀림 같은 전율이 흐르기도 한다. 내려 받아 쓴 것 같은, 강렬한 외침과 절규 폭발 같은 것을 절절하게 느끼게 한다. 때론 그로테스크하기까지 하다.

니체는 자신의 시대에 대해 가장 민감하게 반응한 철학자로 평가되는데 곽말약의 시도 그렇게 읽힌다. 예술지상주의적 낭만주의에 경도된 감수성 강한 청년 곽말약에게 일제하에서의 겹쳐지는 조국의 암울한 현실은 최대의 결핍을 안겨 주는 무엇이었을 것이다. 그것에 대한 정서적 반응의 세계가 『여신』이라고 읽힌다.

신의 죽음을 선언하고 이로부터 나오는 초인의 새로운 힘의 세계와 질서가 동일한 것에로 영원 회귀하는 니체의 철학과 곽말약의 시 세계는 유사성을 확보한다. 니체가 말하는 힘에의 의지는 지배하는 의지 더 성장하려는 의지고 강해지려는 의지다. 상태를 감지하고 그것으로부터 떠나려는 본능적 육감Muskel Gefuhl , 명령하는 사고, 명령의 흥분Affeckt des Kommandos 이며 급작스러운 힘의 폭발Kraft Explosion 이다.

또한 극복 과정에서의 힘에의 의지를 말했다. 그리고 고통을 필연적 운명으로 긍정, 강력한 사랑으로 받아들이고 비극적 잔인함 속에서도 자신의 괴로움을 즐거움으로 바꿀 수 있는 영웅적 정신을 말한다.

곽말약의 「비도송匪徒頌」에선 장자의 도척 편에 나오는 도척 이야기를 시작으로, 인류 역사상, 인류가 믿고 있던, 기존의 질서와 지식, 인식 체계 등을 넘어 새롭게 혁명적 질서, 체계를 만들어 간 인류사의 영웅들을 칭송하고 있다. 크롬웰, 워싱톤, 스페인에 저항한 필리핀의 애국 시인 리잘, 마르크스, 엥겔스, 레닌, 석가모니, 마르틴 루터, 코페르니쿠스, 다윈, 니체, 로댕, 휘트먼, 톨스토이, 루소, 페스탈로치, 타고르에 대한 칭송이다.

이 시는 혁명적 힘에의 칭송을 포화하고 있는 화자의 내면이 확연히 드러나고 있다. 「비도송」의 영웅들은 시대적 요구와 상황에 따른 기존 것의 죽음을 그리고 새것의 제시, 혁명을 보여준 인류사 각 분야의 혁명가들이다. 곽말약의 시는 니체 철학과 철학서의 문체에서 느끼는 전류가 강력하게 흐르는 곳이다. 읽으면 독자에게로 고압선 전류처럼 흘러 충격을 주는…….

곽말약은 『여신』의 「봉황열반」, 「천구」, 「여신의 재생」에서 시대적 상태를 감지하고 시대가 요구하는 재생을 갈망하고 화자 스스로가 강력한 힘을 가진 "천구天狗"가 되어 자신의 조국이 새로운 중국으로 재생할 수 있게 도울 수 있기를 간절히 원하고 있다.

## 봉황열반

향나무는 높게 쌓였고

이미 봉은 날아다니다 지쳐

그들의 죽을 날 멀지 않았네

한 무리의 뭇새들

하늘 밖에서 날아와 죽음을 보네

봉의 노래

아아!

어둡고 더러운 세상에서 살고 있으니

우주여, 우주

나 그대를 애써 저주하려니

남쪽에는 하나의 묘둥지일세

## 황의 노래

아아?

바보! 바보! 바보!
오로지 남은 것이라곤 번뇌 적막 쇠퇴뿐
우리네 움직이는 시체를 꿰뚫고 있네

## 봉황의 합창

아아!

이미 죽을 때가 되었구나

뭇 새들의 노래

하하! 봉화이여! 봉황이여!

그대들은 죽었는가 ? 그대들은 죽었는가?

### 봉황이 다시 태어나며 부르는 노래

봄의 밀물이 밀려왔네
죽어버린 봉황이 되살아났네

즐거이 노래부른다

—「봉황열반」에서

또한 『여신』의 대표작 「하늘의 개天狗」는 격정과 감탄의 홀림 같은 어투로 무엇에 씐 듯 내려쓰고 있다.

### 하늘의 개

나는 한 마리 하늘의 개
나는 달을 삼켜버리고
나는 해를 삼켜버렸네
나는 모든 별들을 삼켜버리고
나는 온 우주를 삼켜버렸어
나는 곧 나!

나는 온 우주 힘의 모든 것!

나는 내 껍질을 벗기고
나는 내 육신을 먹고

나는 곧 나야!
나의 나는 폭발을 갈망해!

## 天狗

我是一溱天狗呀!
我把月來呑了

我把日來呑了,
我把一切星球來呑了,
我把全宇宙來呑了,
我便是我了!

我是全宇宙底Energy底總量!

我剝我的皮

我食我的肉

我便是我啊!

我的我要爆了!

「천구」는 우리나라에서의 번역에서 다소 바르지 않은 부분이 있는 시다. 끝의 두 구절에 대한 번역이 그렇다. 앞의 시구절을 지나 끝의 두 구절에 오면 화자는 힘에의 의지와 힘으로 가득한, 더욱 나인 나가 되었고, 재생을 위한 빅뱅을 강력하게 갈망하는 내면을 외치고 있다.

그러나 이를 반대로, "어두운 현실을 생각할 때 가슴이 터질 것 같다"라 읽는 경우가 많다. 그러나 그의 시 전체의 구조 속에서 계열체의 의미를 읽어, 시어의 기호 의미를 찾아볼 때, 어떻게 번역해야 할까는 더욱 확연해진다.

이 시의 시어들은 그로테스크한, 직설적 표현의 흐름으로, 독자를 충격에 빠지게 한다. 또한 해, 달, 모든 별을 삼켜 자신은 온 우주 힘의 모든 것이라 하여 절대적 힘의 화신이 되고 있는데, 이 같은 해와 달에의 지향은 많은 다른 작품에서도 계열체로 계속된다. 이는 힘에의 의지, 욕구 갈구며 끝 구절에 오면 해와 달, 모든 별의 힘을 삼킨 우주 힘의 총체가 되어 자신을 먹고 현재의 자신을 넘어 나의 나는 거대한 힘을 가진, 위대한 영웅적인 존재로 태어날 빅뱅 같은 폭발을 원하고 있다.

여기서 천구天狗, 하늘의 개는 중국 산해경, 서산경 편에 있는 흉한 일을 막아 주는 개다. 그것을 대상으로 취하여 이같이 시의 목소리로 외치고 있다.

또한 『여신』의 대표작 중 하나인 「지구 가장자리에서 외치다立在地球边上放号」 또한 「봉황열반鳳凰涅槃」처럼 파괴와 창조 그것을 위한 힘을 노래하고 있다.

> 아아 끊임없는 파괴, 끊임없는 창조, 끊임없는 노력이여!
> 아아! 힘이여! 힘이여!
> 힘 있는 회화, 힘 있는 춤, 힘 있는 음악, 힘 있는 시가, 힘 있는 음률이여!
>
> —「지구 가장자리에서 외치다」에서

그리고 「범신론자 세 사람」에서는, "나는 우리나라의 장자를 좋아한다/왜냐하면 그의 범신론을 좋아하기 때문이다/나는 화란의 스피노자를 좋아한다/왜냐하면 그의 범신론을 좋아하기 때문이다/나는 인도의 카비르를 좋아한다/왜냐하면 그의 범신론을 좋아한다/……"라 하여 범신론적 세계관을 보여 주고 있다.

이 같은 세계관 속에서 「지구, 나의 어머니! 地球, 我的母親!」에서는 "지구, 나의 어머니여/나의 영혼이 그대의 영혼", 「마음의 등불 心燈」에서는 "바닷물의 말인가? 풀의 말인가? 是潮里的聲音? 是草里聲音? /한마디 한마디 이른다. 빨리 광명을 향해 뻗어 나아가라고! 一聲聲道:快向光明處伸長!"라 하여 범신론적, 신적 자연과의 대화가 드러나고 있다.

그리고 "조국의 정서를 생각하면서"를, 부제처럼 시의 앞에 제시한 「화로 속의 탄」에서는, "나는 내가 사랑하는 사람을 위해/이처럼 타버렸소!"라 하여 사랑하는 조국을 위해 탄처럼 타버리고 싶은 내면을 말하고 있다. 「무연탄」의 저녁 해와의 대화, "말약아! 너는 어디로 가려고 하니? 나는 도서관에 탄을 캐러 가야만 하겠다"의 탄 캐기도 이와 같은 맥락에서 읽힌다.

「여신의 재생」에서 굴원에 대한 시를 쓴 곽말약은 북벌전쟁에 참가했을 때 멱라강을 지나며 그 강변에서 굴원을 제사 지내고 「과멱라강감회」라는 시를 썼다. 그리고 1942년엔 곽말약이 쓴 사극 〈굴원〉이 공연되었고 이는 관중의 열렬한 환호를 받았다. 중경의 국태대극원에서 공연을 관람한 주은래, 동필무, 전한 등은 즉흥시로 그 역사, 시대적 예술적 가치를 높이 칭송하기도 했다.

곽말약은, 이 시극을 쓸 때 마치 시신詩神이 자신의 몸에 붙은 느낌으로 썼다고 말한 바 있다. 이는 당시 중국의 시대적 요구에 걸맞은 역사시라 볼 수 있다. 민족, 애국정신, 항일 정신의 고취에 큰 힘이 된 역작으로 평가 받고 있다.

그리고 그는 호북성의 굴원묘 정비 등 관련 사업을 할 때 굴원묘 등에 관련 글씨를 써 남기기도 했다. 곽말약은 그가 1978년 6월, 생을 마감하는 마지막 병상에서도 그의 극본 『굴원』을 반복해 읽었다 한다. 시대의 변천과 요구에 따라 낭만 시인, 항전시기엔 애국시인, 혁명시인으로 변모하지만 곽말약의 삶에서 굴원우국지정의 시, 그 유명한 「이소」를 남긴 초나라 시인, 멱라강에 빠져 죽음, 중국인들에게 애국자의 표상이며 단오의 종자 먹기, 용선타기의 민속 유래은 절대적 의미가 있다.

내가 이런저런 그의 시에 대한 상념으로 마음속을 거닐고 있을 때 겨울바람이 흐르고 있는 기념관은 그저 조용히 내 마음을 듣고 있는 듯했다. 곽말약이 시로, 시극으로 뿜어낸 조국 재생에의 갈망같이 봄날에의 갈망을, 겨울 속에서 조용히 키우고 있는 듯했다.

---

## 길은 공간을 여는 열쇠

곽말약 기념관을 나와 골목을 거닐면서 공간이 주는 행복에 대해 생각해 보았다……. 북경의 바람 속에선 언제나, 내가 좋아하는 비파 소리가 난다. 중국 길림재경대 교수 시절 강의가 없을 때면 틈틈이 비파 연주 연습을 하곤 했던 중국 민가, 모리화와 내겐 너무 어려웠던 중국의 대표적 고전 명곡 고산유수 가락이 마음의 귀를 스친다. 지금도 그때 연주하던 그 비파가 내 서재에서 나와 늘 함께한다. 그리고 비파는 한 편의 시를 내게 주기도 했다.

비파

몸이 아양스러워
예쁜 몸
눈부터 연주하네

사랑에 달빛 켠 풍경 속
고대의 심장에서 오는
소리 숨결 듣게 하네

하릿하릿 찬란 비단결 춤사위
산수화 꽃에 아른거리네

신비에 걸린 마음

소리 비경 듣게 하네

– 동시영 시집, 「너였는가 나였는가 그리움인가」에서

그리고 한편에선, 크고 깊은 울림으로 멀리 또는 가까이서 고쟁의 소리가 마음 가득 들려왔다. 그 옛날 언젠가, 누군가 이 오랜 역사의 품, 북경에서 연주했을지도 모를 그 음악 소리가 내 마음에 끊임없이 다시 들려오는 것 같다.

그리고 북경엔 오래된 도시의 낡음에서 오는 향기가 날아다닌다. 낡은 것에선 언제나 새로 태어나는 끌림이 온다. 알 수 없는 향기가 날아오고 그래서 오고 또 오고 싶은 공간이 되게 한다.

겨울이 쌀쌀하게 시간의 치맛자락을 나부끼고 있다. 추워도 좋다. 여긴 내가 좋아하는 것이 너무나 많은 곳이니까.

가끔 중국 고대 건축 양식의 지붕을 멋들어지게 얹은 건물들이 있는 고층 건물의 숲을 지나 자금성 근처로 가면 수백 년 전 모습을 거의 그대로 간직한, 청나라 적 골목길후통이 예스럽게 아름답다. 여긴 느리게 골목을 바라보고 천천히 아끼면서 걸어가야 하는 그런 곳이다. 아니 걸음을 명상해야 하는 곳이다. 그 옛날의 길들이 아직도 낮은 키로 남아 시간으로 윤낸 은빛의 찬란함을 은은하게 미소하고 있는 골목들…… 지금도 느리게 낡음의 새로움을 짓고 있는, 골목의 하나하나는 다들 마음을 끄는 그

자금성

무엇들이다.

그 안팎을 드나들며 시간의 수평선을 넘으면 우리가 모르는 그 옛날로 잠깐씩 가 볼 수 있다. 마음과 발길의 자유를 만끽할 수 있는 오래된 골목에선 언제나 한껏 마음 즐겁다. 옛날이 이처럼 그대로 남아 마음 놓고 낡을 수 있는 풍경은, 보는 이에게 자기도 모르는, 잠재적 세계에 있는 또 다른 재미를 불러와 만나게 해 준다.

오래된 시간의 그림자가 짙게 드리운, 사라진 시간의 모습을 선명하게 간직해 놓은 골목길들의 행렬 한가운데 자금성이 있다. 북경에 가면 산책 삼아 들르곤 하는 황금빛 지붕의, 거대한 위용으로 찬란하게 빛나고 있는 자금성은 언제 봐도 참으로 대단하다. 내가 본 그 많은 세계의 궁전들 모습 중 가장 크고 웅장하여 동양 문화의 하늘을 크게 펄럭이고 휘날리며 반짝이는 궁전의 궁전 같은 곳이다.

북경에 와서 내가 좀 여유 있게 쓸 수 있는 시간이 있다면 이 화원에 한 번씩 들러 보길 좋아한다. 거기엔 한껏 여유 있게 거닐어 볼 수 있는, 강남의 풍경 등아직도 어디를 그려 넣었는지 구체적으로 다 알아내지 못했다는, 셀 수 없는 풍경이 그려진, 776미터의 아름다운 회랑이 있다. 그 회랑으로 한껏 차려입은 마음의 여유를 떨치고 과거와 현재의 길고 긴 건널목을 건너 오가는 여유를 맛보는 것은 더없는 즐거움이기도 하다.

그리고 거대한 인공호인 곤명호 가장자리엔 서태후가 특히 좋아했다는청나라는 결코 망하지 않는다는 의미의 석선이었다는, 그녀가 이 석선 공간에서 차를 마시거나 담소를 나누기 등…… 하기를 좋아했다는 석선이 있다. 사람들은 배나 자동차 등 이동 공간에 들어가 있으면 그 이동 공간을 타고 어디론가 가지 않더라도 가고 있는 듯한, 공간 전환에의 착각 때문에 자기도 모르게 슬그머니 즐거워지기 시작한다.

배를 타고 어디론가 가고 싶은 마음을 가득 싣고 있는 석선이 거대한 호숫가에 있어, 이 석선을 보고만 있어도, 나는, 결코 부서지지 않을 공간 이동의 가능성을 보고 있는 듯, 어느새 즐거워진다. 누구든지, 절대 권력을 가진 사람들까지도 여기가 아닌, 저기에의 그리움은 있어, 그건 사람들 생명의, 그 한가운데로 흐르는, 또 다른 어떤 본류의 강이라고 불러 줘야 할지도 모를 일이다.

이화원

아마도 이 석선은 궁중생활로, 자유롭게 원하는 곳으로 가지 못했던 한 인간의, 먼 곳에의 잠재적 그리움이 뚜렷하게 드러난 공간일 수도 있을 것이다. 볼노우, 오토 프리드리히Bollnow, Otto Friedrich의 『사람과 공간Mensch und Raum』은 이러한 공간과 사람의 관계를 이론으로 잘 설명해 주고 있다.

### 이화원*

– 시간의 피리

비파로
황제의 마음 연주하고
천하를 얻어
천하로부터 격리 되었네

장랑**엔

남녘산 강이 흐르고

호수엔

먼 곳 가는 뱃놀이 떴네

그림으로 가고

뱃놀이로 가고

가도 가도 갈 수 없었네

떠도 뜰 수 없는 석선石船 하나로

호수 안에 동그랗게 갇혀 있었네

병풍에 문설주에 모든 어디에

목숨 수壽 목숨 수壽 새겨뒀어도

목숨은 멀리

혼자서 달아나고

호숫가 버드나무만

시간의 피리를 불고 있었네

* 베이징의 서태후 여름 궁전

** 호숫가의 700여 미터 장랑

– 동시영 시집 『낯선 神을 찾아서』에서

사람들의 여기가 아닌 또 다른 공간에의 진한 그리움과 사랑을 드러내는 교환 공간인 유리창, 창가 등은 아마도 그러한 공간적 의미를 지니는 대표적인 것이 될 것이다. 그리고 확대 생산하자면 여행, 책을 타고 여기가 아닌 저기로 갈 수 있는 독서까지도 그래서 필자는 일상생활 중 틈나면 즐겁게 국립 도서관엘 간다. 거기서 비행기를 타듯 책을 타고 우리가 모르는 시공을 넘어 내가 그리운 그곳을 만나고 그 사람들, 그 생각들을 만날 수 있어. 공항에 온 듯 거기서, 어느 낯선 공간을 여행하는 듯 한껏 마음 들뜨기도 한다. 교환 공간의 영역에 포함할 수 있을 것 같다.

또한 나의, 북경에서의 행복한 시간 보내기인, 어쩌면 시간 여행을 하게 하는 경극 구경, 골동품 사랑도 그런 일련의 것이라고 볼 수 있을 것이다. 북경엔 초패왕과 우미인의 슬픈 사랑을 그린 경극 패왕별희 등 유명한 경극을 관람할 수 있는 경극 전문 극장, 리원취창, 후광후이꽌, 매이란팡따지엔 등이 있다. 그곳에서 특별난 경극의 언어 리듬을 타고 그 옛날의 설화 세계로 꿈속처럼 한없이 달아날 수 있다.

또한, 어쩌면 그보다 내가 더욱더 좋아하는 골동품, 고서화가 있고 아직도 그 옛날의 멋을 흠뻑 풍기고 있는, 발코니가 하늘 향한 공중에 높이 봄날의 녹빛 버드나무 가지처럼 드리워져, 아니 때론 치솟아 있는 누각의 건물들이 매혹적인 유리창이 있다. 필자의 거실엔 유리창에 들러 산 몇몇 골동품들이 있다. 북경이 생각나면 가끔 만져 보고 바라보는, 마음속 깊이 친한, 제법 오래된 친구들이다.

유리창은 우리가 너무나 잘 알고 있는 열하일기내가 국립도서관 고서 전시 때 박지원의 친필로 만나고 또 다른 책들을 통해 즐거움에 끌려 여러 번 읽은, 중국인과 재미있는 필담, 골동품 그리고 가짜 골동품 만드는 이야기, 여인 이야기, 황제와 황제의 외모가 그리 잘생기지 않았었다는 다소 용기 있어 보이는 박지원의 얘기, 황제의 주선으로 만난 승려에게서 받은 불교 용품 선물을 고민 끝에, 불교 대신 유교를 숭상하는 조선에 들어오기 전 강물에 빠뜨리는 등등의 재미있는 얘기가 내 마음에 선명하게 남아 있는의 박지원, 홍대용, 이덕무, 박제가 등 조선의 사신들이 북경에 가면 몇 번씩이나 반복해 들르곤 하던 곳이다.

거기서, 그들은 곰이 재주를 넘는 웅희, 호랑이를 놀리는 호희, 원숭이를 놀리는 우희얼마 전 나도 우연히 장춘 시내에서 보았던 등 다양한 거리 공연을 즐기고 연극, 경극 등을 관람했다 한다. 그리고 한편에선 화장실에 춘화를 걸어 놓고 입장료를 받았고 더러는 춘화 구경을 위해 그곳에 드나들었다는 재미있는 일도 있었다고 한다.

또한 높은 패루와 당간 등의 건축 양식으로 한껏 차려 멋을 내놓고는, 그 풍취 속에서 그 시대의 유명 문인들이 곳곳에 박혀 살고 있었고 비단, 전통 종이 가게, 매혹을 피워 내는 미인의 향기와 술 향기로 가득한 술집, 책 구입뿐 아니라 살롱이나 찻집, 조선 선비와 청의 선비들이 우연한 또는 약속에 의한 만남이 있었던,지금도 중국 고서화 점에서 볼 수 있는 산더미 같은 책의 가로 쌓기 풍경을 맘껏 구경할 수 있었던 서점이 즐비했었다. 아울러

전당포, 각양각색의 벼루, 그림, 실크로드를 타고 서양에서 유입된 안경, 망원경 등의 진귀한 물건들, 찬란함, 즐거움, 재미의 극치가 넘쳐 났었다 한다. 그 유리창에 가면 나는 언제나 특별한 즐거움에 젖곤 한다.

### 골동품

얼마나 많은 시간을 깨고
깨지지 않는 그릇이 되었나

죽지 않아도 사는 삶이 있다고
으스대는 늙음

– 동시영 시집, 『너였는가 나였는가 그리움인가』에서

길은 공간을 여는 열쇠라고 쓴 내 짧은 시가 생각났다……. 그리고 나는 어느 열쇠로 어느 공간을 열까 망설이는 행복한 시간 위를 생각의 길을 따라 걸어가고 있었다.

9부

# 일본

# 『설국』의 해체적 미학, 그 신비의 눈은 끝없이 내리고

온 세상이 눈으로 꽃처럼 피어나고 있었다. 겨울도 가끔씩은 낙원의 춤처럼 피어나는 것이다. 시간의 강가에서 데려온 마음을 거기 가만히 풀어 놓아두었다. 눈이 전속력으로 어디론가 달리자 내 마음도 따라 달리고 있었다. 마음이 웃고 있는 걸 마음으로 보았다. 눈은 내려 텅 빈 응시의 궁전을 짓고 그리움이, 아득한 먼 곳, 어디론지 모를 길을 내고 있었다.

다시 『설국』을 읽었다. 『설국』은 내게 반복의 길이었다. 스무살 그 푸른 정신으로 만난 읽기의 길…… 다시…… 노을 지는 시간의 햇살로 읽는 『설국』은 어쩌면 동명이인 같은 새것이었다. 읽기는 그래서 쓰기와 읽기의 또 하나의 중심이고 번역보다 새로운 번역이다. 그건 읽는 자의 심리로 번역하는 섬세한 연주이기 때문이다.

한국에서 읽는, 소설 『설국』을 떠나 어쩌면 가와바타 야스나리도 모르게, 살짝 스며들어 소설을 함께 썼을 니가타의 공간들을 만나러 가기로 했다. 그때의 니가타 공간이 조금은 변했더라도 생생하게 지금 속에 살아 있기 때문이다. 공간은 가끔 시간을 대체 역할을 해 주어, 시간의 질주 속에 살면서도 다행이라 생각할 수 있게 해 준다.

때론, 공간은 먼 옛날에 사라진 휘발성 강한 시간의 흔적을 잘도 보여 준다. 착륙 전 낮은 비행이 보여 주는 니가타현의 모습은 봉우리마다 신성의 기적 같은 흰 눈을 이고 있었다. 그리고 사라지는 것을 사랑하는 영원의 오늘을 보여 주는 듯했다. 니가타를 빨리 더 가까이 보고 싶은 마음을 따라 공항에 내렸다. 소설 『설국』처럼 눈 내리는 환상의 공간과 시간을 넘고 또 넘었다. 이윽고 설국의 무대, 그 시대 느낌의 전통적 마을 풍경을 느껴 볼 수 있는 보쿠시도오리에 다다랐다.

함박눈은 자꾸 내리고 마을은 무슨 행복한 예감으로 설레고 있는 듯했다……. 눈 속에 소곤거리고 있는 듯한 고풍의 정취를 드리우고 있는 마을을 떠나 다시 눈 쌓인 도로를 달려, 이내 소설 속 첫 풍경의 공간, 유자와역에 들어갔다.

『설국』의 그 유명한 첫 구절은 "국경의 긴 터널을 빠져나오자 눈의 고장이었다. 밑바닥이 하얘졌다. 신호소에 기차가 멈추어

보쿠시도오리

섰다"이다. 소설 속 첫 장면의, 신비론 아름다움을 지닌, 눈 속의 역을 마음에 떠올렸지만 옛 그대로의 공간은 없었다. 세상은 그냥 멈추어 있지 않다. 변화하는 것은 변화하는 것들을 사랑한다. 변화하는 사람들은 새것을 끊임없이 좋아하고 그래서 그들이 쓰는 공간도 끝없이 새것으로 변화하는지 모른다.

하지만 소설 속, 그때의 그 눈만은 소설 『설국』을 꿈꾸고 있듯 내리고 있었다. 나는 마음속 화폭에 소설 속의 역을 오래도록 그리고 있었다. 순간, "정거장의 등불은 추위 때문에 씽씽하고 소리를 내며 깨질 듯이 깜빡이고 있었다"라는 구절이 우연처럼 이유 없이 떠올랐고 환상적 오버랩으로 말하고 있는, 요코의 모습을 마음속에 다시 그려 넣어 보았다.

"비치는 것과 비추는 거울이 영화의 오버랩처럼 움직이는

…… 인물은 투명한 덧없음으로 풍경은 땅거미의 어슴푸레한 흐름으로, 그 두 가지가 융합하면서 이 세상이 아닌 상징의 세계를 그려 내고 있었다. 더욱이 아가씨의 얼굴 한가운데에 야산의 등불이 켜졌을 때는 뭐라 말할 수 없는 아름다움에 가슴이 떨렸을 정도였다." 시마무라가 이처럼 본 요코는 결국 소설의 맨 끝에서 이 세상이 아닌 또 다른 세상을 향해 떠나는, 고마코보다 그에게서 멀리 있는 여인이다.

달라진 유자와역의 풍경 속에 사람들은 달라진 삶을 살고 있었다. 주변의 대부분 관광객들은 오직 사케 박물관에 대한 관심뿐인 듯이 보였다. 나도 그들을 따라 사케 박물관, 폰슈칸엘 가보았다. 입구에 있는, 술에 취해 널브러진, 실제 사람 크기의 인형 모습이 재미로 다가왔다. 여기가 니가타 고시히카리로 유명한 쌀의 고장이니까 그 쌀로 빚은 사케 또한 꼭 맛봐야 한다는 생각이 들었다. 오늘의 가장 인기 있는 사케 종류가 게시되어 있었고 그중 하나를 골라 맛보았다. 맑고 향긋하고 취함에로의 유혹이 살짝 지나가는 술이었다. 사케 안주로 오이와 소금을 먹어 보는 것도 재미있었다. 500엔으로 산 사케 한 잔으로, 현실과 몽상이 섞인 즐거운 혼돈을 바꾸어 한참을 놀다가 밖으로 나왔다. 아직도 눈은 그치지 않고 있었다.

『설국』에서 우리가 처음 만나는 강렬한 대상은 눈이다. 눈은 해체의 공간이다. 눈 오는 날은 하늘과 땅이 하나로 되는 신비의 날이다. 모든 존재들이 다양한 색깔과 모양에서 눈으로, 하나 된 하얀, 해체적 세상으로 들어간다. 눈 속의 벌판을 따라 아득히 경계를 지워 나가는 길은 길에 이어지고 『설국』의 집필실, 가스미노마로 가는 길은 마음속에 나 있는 소설 속 길과 자주 하나가 되곤 하였다. 길을 따라가는 게 아니라 생각을 따라가고 있었다.

『설국』의 눈 속 공간은 전편의 중요한 반복적 배경이다. 로만 야콥슨의 말처럼 반복이 배경 구조를 만드는 것이다. 눈 내리는 배경 속의 소설 묘사와 있는 듯 없는 듯 눈처럼 녹아 버릴 것 같은 흐릿한 이야기가 흐르고 있다. 이야기보다 선명한 묘사, 그리고 모든 세상을 해체적 감각으로 끌고 가는, 눈처럼 차가운, 사랑과 그 바라봄이 조용하게 언어의 꽃으로 피고 진다.

『설국』의 한가운데 살고 있는 묘사는 읽는 이의 마음이 그의 글 속으로 빨려 들어갈 것 같은, 해체적 관점의 슬프도록 아름다운 묘사들이다. 이는 가끔씩 소설의 향기로 날려, 읽는 모든 이의 마음속 후각을 스칠 듯 멈출 듯 지나간다. 가와바타 야스나리는 이를 십여 년의 긴 시간 동안 개작과 다시 쓰기를 했다. 한 예술가의 예술혼은 그를 통과한 새로운 세계를 신천지처럼 보여 주고 있다.

그는 1899년 6월 14일 오사카에서 출생아버지는 의사였고 한시와 문인화 등을 즐겼다 함. 이후, 1901년 아버지가 폐병으로 사망2세, 1902

년 어머니도 같은 병으로 사망3세, 1909년 누나 사망10세 등 연이은 가족들의 죽음을 본다. 그것은 삶이 가진 허무를 일찌감치 선명하게 말해 주는 어떤 것이었다. 삶의 기쁨을 충분히 맛보기도 전에 그의 삶은 혈족의 죽음과 관련한 허무와 직면해야만 했다.

일본을 수없이 오가면서 마음 깊이 느낀 것은, 인간의 힘으로는 도저히 피할 수 없는 지진, 화산폭발 등 잦은 자연적 재해 앞에서의 약한 인간으로서의 근본적 불안이다. 곳곳에서 발견할 수 있는 그 많은 미신과 믿음의 대상들은, 그들이 무언가를 얼마나 간절히 믿고 의지하고 싶어 했는지를 짐작하게 하고, 어쩌면 믿을 것이 없는 현실을 너무나 투명하게 보여 주고 있는 것이 된다. 그 같은 일본적 불안에 작가의 개인적인 특별한 체험이 더해져 만들어진 허무적 사유와 말들이 그의 『설국』 속에 가득 살고 있는 것이다.

『설국』의 말과 생각들 속에서 차갑고 슬프고 아름다운 순수미를 다시 느끼는 순간은 F. 리스트의 〈시적이고 종교적인 선율 중 3번, 고독 속의 신의 축복〉을 듣는 듯했다. 그의 소설은 시적이고 신비롭기까지 한 묘사의 선율을 서늘하게 쏟아 내기 때문이다. 여름 어느 날 괴테의 그 옛날 처소를 찾아갔던 독일 바이마르에서 만난 리스트의 음악과 그의 말이 오버랩 되는 순간, 그의 언어들이 연주하는 소리를 일본어로 듣고 싶어졌다.

그의 『설국』 속 사랑은 보통의 사람답게 사랑하지도 않고 가

열된 사랑의 기쁨도 없고, 죽음이란 관념에 따라붙는 질량의 슬픔만큼 슬프지도 않다. 다만, 조금 더 사랑하고 조금 더 슬퍼해야만 할 것 같은 사랑과 죽음이 거기에 있다. 하지만 그 낯선 사랑이 어쩌면 사람들이 오래도록 소설 『설국』을 사랑하게 하는 것인지도 모를 일이다.

남자 주인공, 시마무라는 처자가 있는 삼십 중반의 남자다. 부모의 유산으로 살며 비현실적인 것에 마음 기울여 사는 인물이다. 그는 여기 아닌 저기로의 추구와 지향에 생활의 모든 것이 경도되어 있는 인물이다. 과거의 것들에 관심하고 자신이 살고 있는 동경보다는 시골을, 아내보다는 또 다른 여자로 끝없이 마음을 기울이고 있다. 또한 일본보다는 서양의 것에 관심을 둔다. 그를 둘러싼 모든 것들이 현실로부터 끝없이 일탈하고 있다.

그의 끝없는 일탈적 결핍 채우기는 지상의 존재로서 천상의 것들에 대한 관심일 수가 있다. 사랑을 느끼면서도 정작 사람들이 사랑이라 하는 사랑을 하지 않는, 또 다른 세계로의 심리적 움직임이 보이고 있다. 이는, 어쩌면 인간이 가지는 먼 곳으로의 지향과 그 욕망을 말해 주는 것인지도 모른다. 현실이 아닌 다른 것으로의 끝없는 방황은 모든 인간의 내부에 존재하는 그 무엇일 수도 있다.

그리고 소설의 끝, 요코가 죽는 순간의 말들을, 『설국』을 읽은 독자들은 누구나 잊지 못할 것이다. "다리에 힘을 주고 버티어

서서 눈을 뜬 순간 쏴아 하고 소리를 내며 은하수가 시마무라 안으로 흘러 떨어지는 것 같았다"가 그것이다. 이는 현실이 아닌 먼 곳…… 그리고 인간적 한계 상황을 떠난 신적 하늘, 초월적 세계의 극점으로의 지향이다. 이는, 은하수에서 시마무라의 안까지 길을 놓아 죽음의 슬픔마저 아스라이 사라지게 하고 마는, 해체적 관념의 힘과 그 미학인 것이다.

처음부터 끝까지 가끔씩 무지개처럼 나타나는 천상의 존재와 지상의 존재 사이의 교감은 신비로움과 찬란함을 가져오고 있다. 이는, 소설의 또 하나의 핵이 된다. 또한, 그것은 읽는 이의 마음속에 맑은 여백을 주는, 소설로 쓴 시 같은, 하이쿠 같은 소설 속 절경들이 된다. 그러므로 내게 있어, 『설국』의 이야기는 희미해질수록 좋다.

설국 산책로

눈은 자꾸 눈 위에 쌓이고 『설국』의 집필지 다카항 료칸에 도착했다. 야트막한 산 아래 건물이 조용히 서 있었다. 눈은 그칠 듯 말 듯 겨울의 신화 같은 하루를 묘사하고 있었다. 계단을 올라 입구에서 『설국』 산책로를 보았다. 그 산책로에는 고마코와 시마무라가 산책했던 신사도 포함되어 있었다.

그리고 1935년 당시의 건물 2층 전면에 있었던 가스미노마에서 『설국』이 1934~1937년에 집필되었고 1937년에는 하나야기 쇼타로가 무용극으로 1957년에는 가스미노마를 무대로 영화 설국이 촬영되었다는 설명을 읽어 보았다.

집필실로 들어가기 전 벽면에 있는 고마코의 실제 모델이었

1935년 당시 다카항 료칸과 현재 다카항 료칸

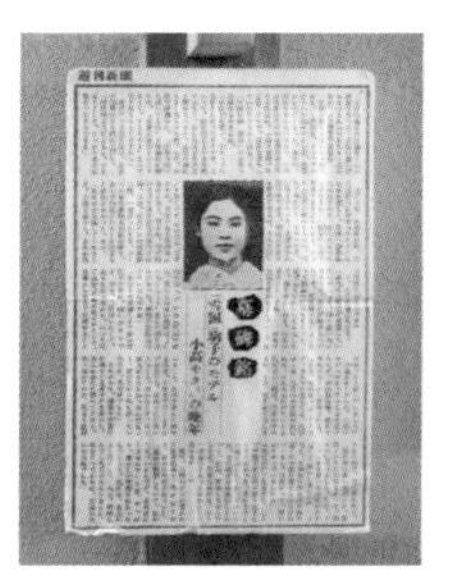

게이샤 마츠에

던 게이샤 마츠에의 사진을 마주했다. 그리고 소설의 마지막 부분에 나오는 요코가 최후를 맞이하는 누에고치 창고로 등장하는 건물, 아사히자도 볼 수 있었다.

가와바타 야스나리의 사진을 보았다. 깡마르고 작은 얼굴에 큰 눈이 사진에 담겨 있었다. 그가 쓰던 물건들과 후면에는 그 시대의 도자기들 그리고 그림들이 있었다.

오른쪽에 있는 그의 집필실을 찾아가 보았다. 당시 건물의 2층 전면에 있었던, 그때의 모습대로 재현해 놓은 『설국』의 산실, 안개의 방이었다. 모래 위에 놓인 몇 개의 돌을 지나 거기에 닿을 수 있었다. 작은 탁자를 가운데 두고 두 개의 의자가 마주 놓여 있었다. 조그만 찻주전자가 얹힌 화로 하나 그리고 찻잔……
한쪽 코너엔 고마코의 것으로 보이는 여인의 옷이 옷걸이에 길

가와바타 야스나리의 사진, 책

게 걸려 있었다. 금방이라도 고마코가 나타나 그 옷을 입고 사미센을 연주할 것만 같았다.

『설국』의 고마코는 "산 빛이 물들었다고 할 만한, 백합이나 양파 같은 둥근 뿌리를 벗긴 듯한 피부는 목까지 어슴푸레한 혈색이 올라 있어 무엇보다도 청결해 보였다." "커다란 자연을 스스로는 모르면서 상대로 삼아 고독하게 연습하는 것이 그녀의 습관이었다. 그의 사미센 소리는 순수한 겨울 아침에 맑게 퍼져 멀리 눈 덮인 산까지 곧장 퍼져 나갔다"라고 묘사되고 있다. 고마코를 생각하면서 마음으로 공간을 어루만지고 있을 때, 텅 빈 다다미방 나머지의 공간이 그때와 지금 사이의 비어 있는 시간의 공간을 조용히 채워 주고 있었다.

소설의 제목 『설국』, 눈 그리고 집필실 이름인 안개의 방은 하

안개의 방

나로 된 계열체의 상징 의미를 보여 주고 있다. 눈과 안개는 모두 공간의 경계와 간격을 허무는 해체적 대상들이다. 『설국』을 쓰던 방 이름에 들어 있는 안개는 모호하면서 경계를 지우고 그리고 신비의 그림자를 길게 드리우고 있다. 이들은 『설국』을 이루는 통합 속의 부분 그 하나의 보석들인 것이다. 또한 찬란한 언어의 주술을 위한 완벽한 외곽이 된다.

밖으로 나오자 영화 〈설국〉이 장면들을 넘기고 있었다. 소설 속 첫 장면, 역이 나타나고 눈이 하얗게 화면을 물들이고 있었다. 『설국』에서 보여 준 고마코보다 조금 나이가 들어 보이는 그리고 고마코보다 더 세속적 느낌을 드러내는 영화 속 고마코가 있었다. 그녀는 시마무라 앞에서 소설보다 강화된 교태의 몸짓을 길어 올리고…… 책을 실현한 영화는 언제나 독서의 상상력을 따르지 못한다.

생각에 생각의 계단을 밟고 밖으로 나왔다. 눈은 자꾸 내리고 시간은 자꾸 흐르고…… 가와바타 야스나리의 『설국』은 너무나 아름답고도 슬프고 충분히 사랑하지도 충분히 슬퍼하지도 못하면서, 모든 것들이 해체된, 희로애락의 그 너머에 별처럼 차갑게 지금도 떠 있다. 그리고 가와바타 야스나리의 삶도 차갑게 끝났다.

그 많은 종교와 믿음, 믿을 것들 속에서 어쩌다…… 문득, 샤갈의 말이 떠올랐다. "우리는 어쩌다 이토록 불안에 휩싸이게 된 것일까." 그리고 이 불안의 한계 속에서 인간은 또 얼마나 더 행복해져야만 하는가…….